アラ還バイクデビュー

齋藤博美

文芸社

私が初めてバイクに乗ったのは、
２０２１年（令和３年）２月、56歳を前にした頃だった。
東北へのツーリングを目指して走り始めた、
その経過の一端を記しました。

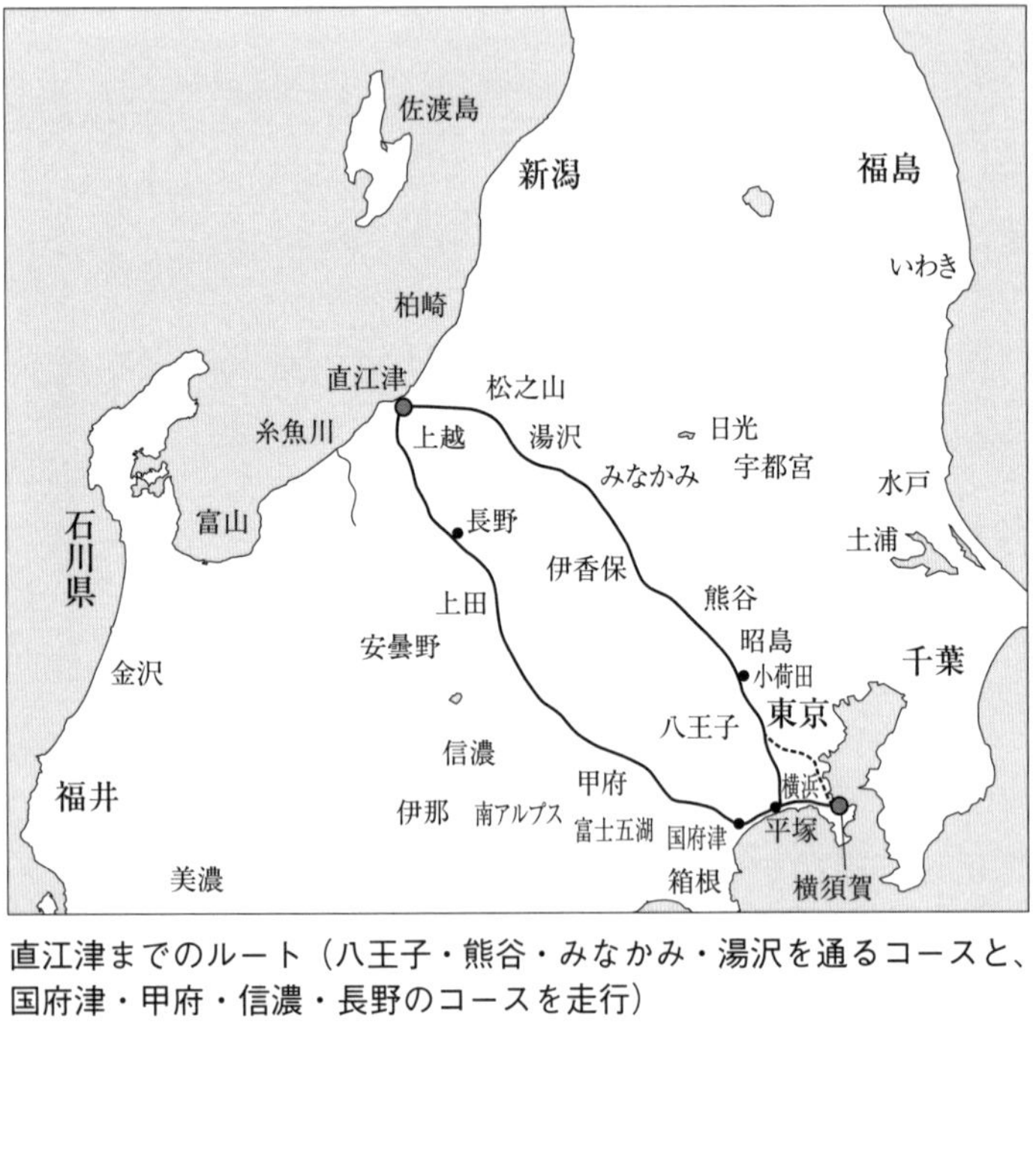

直江津までのルート（八王子・熊谷・みなかみ・湯沢を通るコースと、国府津・甲府・信濃・長野のコースを走行）

北海道
大間崎
津軽海峡
竜飛崎
恐山
むつ
小泊
下北半島
十三湖
つがる鉄道
青森
五所川原
三沢
八甲田山
岩木山
弘前
十和田湖
秋田県
岩手県

青森地方

目次

直江津を目指して

令和5年9月末。新潟県上越市、直江津港近くの宿に着いた。
朝5時過ぎ、私は横須賀の自宅を出て、ひとり小型バイクでやってきた。
部屋は三畳一間にベッドが付いている。小さな窓辺に棚がある。そこへバイクブーツとグラブを干した。

ここまで来るのに、苗場を過ぎたあたりからひどい雨に降られてしまった。宿に着く頃にはブーツの中に水溜まりができて、歩くたびにたぽたぽという音がした。

私が乗っている125ccの小型バイクは、高速道路とバイパスの一部を走ることができないので一般道路できた。

国道134号線の海沿いから平塚のトラスコ湘南大橋を渡り、高浜台の交差点を右折して国道129号線を北上した。

海沿いへの入り口、逗子《ずし》の渚橋の電光掲示板には強風注意報が出ていて確かに風があった。早くに海沿いを抜けてしまいたいと思った。

走り始めて1時間後、平塚のコンビニで休憩をとった。9月も末だが残暑は厳しい。まめに休みながら行きたい。平日なので129号線は通勤の車で渋滞していた。八王子バイパスの手前からようやくスムーズに流れ始めた。道なりにしばらく走り、次の右折は左入橋交差点で東京環状道路（国道16号線）に入った。多摩川を渡って、次は拝島町《はいじまちょう》を左折だった。

私は前回に引き続いて今回もこの拝島町の左折を逃してしまった。細めの道路で、前を走るトラックが左折して入っていくのが分かった。ここを曲がり損ねても一つ先の堂方上《どうかたうえ》の交差点を左折すれば、直江津へ行く道筋としては問題ない。その場合、次の交差点の小《こ》荷田《にた》を右に入ればよかった。

「小荷田」という何だかかわいい名前で帰る時まで覚えていられそうな気がした。

その交差点から2つ目の信号「多摩工高入口」で私はバイクを停めて歩道に移した。そして、バイク屋に電話をするためにポーチからスマホを取り出した。ちょうど9時になる頃だった。

私は10日ほど前、同じように新潟を目指す途中、甲府で車との接触事故を起こしていた。

その折の保険会社に出す修理の見積もりを、バイク屋に頼んでいた。走る上では差し当たりどこも支障はなかったけれど、見積もりの値が嵩《かさ》んでしまっていたので、保険会社に伝える前に確認しておきたかったのだ。

バイク屋の電話は話し中だった。

私は立ったまま、パウチの栄養ドリンクを飲んで待った。すぐ向かいにはデイサービスの介護施設があり、お年寄りが迎えの車から降りて入って行くのが見えた。看板には「リハビリ&認知症予防特化型デイサービス」とある。

「靴を入れてきてください」と職員の女性から言われ、下駄箱に靴をしまうお年寄りが見えた。きっと帰りには自分で靴を入れた場所を探すのかな、と思った。

バイク屋にはもう一度電話をかけて、繋がらなかったら後でかけ直そうと思った。

今度は繋がった。担当の海老原さんに意向を伝えると、

「では、都合のいい時にお店にきていただいて、どこを直すか相談しましょう」

という返事をもらった。これで一安心だ。

小荷田を過ぎて東京環状道路は空いていた。私は走る車線にバイクを出してからエンジンをかけて走り出した。

しばらくは道なりだった。瑞穂バイパスへと繋がる扇町屋の信号を左方向へ、川原町の信号も左折して国道２９９号線から国道４０７号線に移ると、お茶の産地の狭山のあたりになる。４０７号線をひた走り、荒川を越えて柿沼の信号を左折して熊谷バイパスに乗る。そして西別府の先の上武道路へと入る。分岐の手前でどちらの道に進むか、下調べのメモになかったのでスマホのカーナビで確認をした。

ツーリングに出る前には、いつも目的地までの経路をスマホを見ながら書き出している。古いカレンダーの裏を7×20センチくらいの大きさにして、そこへ道の分岐ごとに左右どちらに曲がるかを書いていく。

メモを見るのは赤信号を待つ間にちょっと、などという芸当はまだできないので、その都度道の端にバイクを停めてから確認している。ちなみに世の中のライダーの多くは、スマホホルダーをバイクのハンドルにつけている。

実は、私もスマホホルダーを買ったことはあったけれど、その矢先に事故を起こして使うのは諦めた。買ったホルダーをどうしようかと思っていたところ、たまたま家の近くの赤信号でスマホを手にして調べているライダーに会った。

私は話をしてスマホホルダーをお譲りすることにした。そして、家にあるホルダーを急いで取りに帰って渡した。その青年はもうすぐ彼女と横須賀に越して来るそうだ。使ってくれたら嬉しいなあ、と思う。

私は道を調べた後、道路の端に停めていたバイクを右レーンまで押して行き、赤信号で停まっている車の間でエンジンをかけた。上武道路も長い。入り口は一車線なのでしばらく詰まっていてゆっくり走った。トラックがとても多かった。ひた走り利根川を渡る。道の両側には畑が一面に広がっていた。

伊勢崎市、前橋市を過ぎる。群馬県と長野県の県境あたり、利根川に沿って北上する。三国街道、沼田バイパス、月夜野バイパスへと繋がる。しばらく国道17号線を走る。

◎

次第に緑深い峠の山道になり、みなかみ町へと入る。この頃から雨がぽつぽつ降り始めた。みなかみを過ぎ、かぐらみつまたスキー場の開けた場所に出た。

今はシーズンオフで閉まっているコテージの軒下を借りて、私はレインコートのズボンとジャケットを着た。今朝、初めてプロテクターパンツをはいてきたが、その上に何とかレインコートのズボンをはくことができた。リュックにもレインカバーをかけた。

肩からかけている、スマホや財布、道案内のメモを入れているポーチは防水ではない。バイクの後ろのリアボックスにしまうかどうかずいぶん迷ったが、このままの雨足ならば何とか凌げるかもしれないと思ってそのまま持つことにした。すぐに道を確認できるメモや貴重品は身につけておきたかったのだ。

雨の中、空腹になると神経がピリピリして気持ちが不安定になるので、朝に買ってあった海苔巻きやパウチのゼリーを急いで口に入れた。

走り出すとすぐに道の駅「みつまた」があった。建物は新しく、田舎風のデザインで洒落ていた。トイレは外からすぐに入れそうだったので、借りることにした。自動ドアからの通路には穏やかなBGMが流れていた。床にはきれいなタイルが貼られ、中央には黄色い点字ブロックが通っていた。親切な造りだった。便座も温かで思わずほっとした気持ちになった。

ようやく新潟に入ってはいるけれど、スマホの予想時刻では、まだ宿までは86キロ、2時間は走らなくてはいけなかった。雨足は徐々に強くなっていった。みつまたを出たのは午後4時半で、すでに外は暗くなり始めていた。

このあたりのトンネルは走りにくかった。直線ではないところが多くて、山の形状に合わせて曲がっている。薄暗いトンネルの先の明かりは見えるけれど、どんな道筋になっているのかは近づかないと分からなかった。トンネルごとに道幅も違った。細い道が多い。路面も左右で段差があって平らではなかった。

幸いだったのは、車の通行量が多くなかったので、初めての道を慎重に走ることができたことだった。

白い大きな建物が道に沿って建っていた。

苗場スキー場だった。

緑の山並の手前に立つ建物を見て、そうか、あそこのホテルで毎年ユーミンのコンサートがあるのだなあ、と思った。

苗場でのコンサートは、まだ私が独身の頃から開催されていて、かれこれ40年くらいにはなる。当時ユーミンは、夏には横須賀に近い逗子マリーナでコンサートを開き、冬にはここ苗場プリンスホテルで開いていた。共にチケットの入手が難しい憧れのコンサートだった。

また、それとは別に、社会人になって1年目の冬に、苗場に友だち数名とスキーに行く計画を立てていた。ところが私は冬休みになって高熱が出て行けなかった。それ以来、苗場を訪れる機会はなかった。そんな昔を思い出しながら、60歳を前にバイクで通り過ぎる苗場には感慨深いものがあった。

私がこのような姿で来るとは、私を知る人は誰一人想像もつかなかっただろうな、と思う。自分ですら思いもよらないことなのだから。

雨は本降りになっていた。ヘルメットのフロントに雨だれが当たると見えにくいので、シールドを3分の1くらい上げて、下から見るようにして走った。

このツーリングに出発する2、3日前には南魚沼市で熊が出て人を襲った、という記事が新聞に載っていた。道端にも『熊が出ます』と書かれている看板を見かけた。どうか道すがら会わないようにと願った。熊は夜には活動しないのだろう。雨も降っているから心配はないだろう、と思いながら走った。

それから三国峠を越えて越後湯沢、ガーラ湯沢を過ぎた。メモにある次の目標は石打小学校だった。暗く、降りしきる雨の中、小学校の校舎が明るく浮かんで見えた。そこを左折だ。

左に曲がった正面には山が立ちはだかっていた。バイクから降りて、メモを確認した。確かに道はあっている。「ああ、また山を越えるのか」と思った。

こんな時、やはり空腹は絶対に避けたかった。雨の中、私はバイクのリアボックスを開け、立ったままおむすびを二、三口と、フライドチキン、パウチのバナナを急いで食べた。まさかここまで来て、峠道はもうない、と思っていた。

あたりは暗い。けれど仕方がない。進まなくては宿には着かない。

「よーし」と思ってバイクに跨がった。するとちょうど車体の横に『直江津』と書かれた冷凍トラックが走って行くのが見えた。

私はそのトラックについて行こうと思った。

峠道に街灯はなかった。

30分あまりの山道だった。私はトラックの後ろを見失わないように、カーブが続く道を集中してついて行った。

ふと燃料メーターを見ると、目盛りの7つのうちの5つが消えていた。ここまで減らしたのは初めてだった。

山道が終わり、民家の先に給油所が見えた。

私は前を行くトラックに頭を下げて、給油所に入った。

店員のおじさんがガソリンを入れてくれた。もう5時半を過ぎて、すっかりあたりは暗い。そして雨はどんどん強くなっている気がした。

メモにある次の分岐は山崎交差点を左折だった。私はおじさんに尋ねた。

「山崎はもうすぐですか？」

「ああ、すぐそこだよ。どこまで行くのかな？」

おじさんの問いに、私が直江津と答えると、

「じゃあ国道353号線を通って行くのかな」

そう言って、地元の地図をくれようとしたが、私はスマホの地図があるので要らない、と断った。まだ、おじさんは何か言いたげだった。

けれど、ちょうどそこへ車が入ってきて、おじさんはそちらの対応に移ったので、私は給油所を後にした。

店のすぐ先に山崎の交差点はあった。そこから国道117号線に出た。次は、駒返《こまがえり》の信号の先を右折だった。

雨は相変わらずやまない。しばらく走ったが、山崎からすぐ近くにあるはずの駒返の信号が見当たらなかった。

私は緩やかな登り坂を進んだ。先に見えた信号の標識は、上段《うわだん》とあった。行き過ぎた。私は駒返を見落としてしまったようだった。スマホは雨で濡れて画面が上手く動かない。暗い中、これ以上自分で道を探すのはつらくなった。

さっきの給油所のおじさんに、しっかり道を聞いておけばよかったと悔いた。

上段の信号の手前に給油所があった。セルフのお店だったが、事務所の中には人がいるようだった。私はバイクを歩道に停めて、給油所を訪ねた。

◎

「すみません、直江津まで行きたいのですが、道を教えてください」

店員の男性は、お店のラックから配布用の地図を取り出してカウンターに広げた。やはり駒返を通り過ぎていた。

男性は、Uターンしてからすぐ先のコンビニの脇を入ればいい、と教えてくれた。そして、突き当たりを左折して信濃川を渡る。渡ったら次も左折で道なりに行けば良い。353号線を走り、松之山《まつのやま》の交差点を右折して池尻を目指す。池尻の交差点を直進したその先は上越市へと繋がる。分かりやすい説明だった。

私は地図を頂き、お礼を言って店を出た。

スマホでは、画面に表示される狭い地域の範囲しか調べられない。時々大きくして全体を見るのだけれど、そうすると細かい地名などが消えてしまう。本当は紙のロードマップがあると良いのだろう、と思う。

この時に少々気落ちしたのは、私が下調べしたメモに松之山を書いていなかったことだった。私は道なりだから必要がないと思い書かなかったのだろう。けれど、長い道のりの中、起点としては必要だった。給油所で頂いたエリアマップには、十日町、津南町、上越に至るまでの範囲が載っていた。直江津は日本海に面しているから突き当たりだ。

まだまだ街を越えなくてはいけなかった。

もう6時だ。宿に伝えていた到着時刻だった。遅れることを知らせなくては心配をかける。私は雨で思うように画面の動かないスマホの操作をしながら、すぐに電話できるように登録をしておけばよかった、とこれもまた悔いた。

給油所の前を反対車線までバイクを押して、Uターンをした。

その先のコンビニからの脇道はすぐに分かった。けれど、本当にその道で正しいのか私は疑った。見る限り街灯がまったくない真っ暗な道だった。両脇は樹々が茂り、車が1台通れるくらいの緩い下り坂だった。

私は恐る恐る走り出した。暗いところではバランスを崩しやすいのでヘッドライトを頼りに慎重に進んだ。すぐに車が1台向かいから来たので、少しほっとした。川を渡ったら突き当たりを左折、と先ほどの給油所で何度も繰り返し聞いたので、私は左に曲がり、後は道なりに進んだ。

353号線に出たけれど、やはり街灯がないので相変わらず道は暗かった。車線を分ける中央線はあったが、すれ違う車はなかった。大丈夫。道は正しいのだから走って行こう、と思った。


私は、地元横須賀や三浦で夜道をよく走っていた。バイクの練習に城ヶ島の駐車場まで通っていたからだった。午後7時が駐車場の入庫の終了時間だったので、その少し前に入り、車が停まっていない僅かな時間、バイクの教習科目のクランクや一本橋の練習をした。駐車場までの道すがら、畑の中の県道は街灯がない細い一本道だった。だから暗がりを特段怖いとは感じなくなっていた。

時々急カーブになる353号線沿いには、黄色い反射板が並び、道筋を教えてくれた。

山道で絶えず聞こえてきたのは、体に当たる雨音と、虫の音だった。鈴虫やコオロギの鳴き声は、道路脇に生い茂る木々の中から聞こえてきた。何を思うこともなく、何を惜しむでもなく、命ある限り鳴いている虫たちがいるのだ。私は決して一人ではない、と思えた。

私や虫たちと同じように雨の中を、暗い峠の道をひたすら走る姿を見かけたのは、郵便配達員のバイクだった。どの町でも当たり前のように走っているのだけれど、決して当たり前ではない。

歴《れっき》とした営利を目的とした会社なのだけれど、どんな山奥の過疎と思う地域でも、配達のバイクを見かけて頭が下がった。そして、奥深い山の町にも簡易郵便局があった。町を、地域を守ってくれているのだと感じた。だから、たとえ微力でも収益が上がるように協力したいと思った。

道路端の所々には温度を表示する掲示板があった。日中の気温は20度後半だったが、夜になり、10度台に落ちた。

雨は強く降っていたけれど、幸い風がなかったので走れたのだと思う。宿に着く頃に、グラブから沁みた水が袖を伝って冷たかったけれど、レインコートを着ていたので体は濡れずに済んだ。ヘルメットの中には、レインコートのフードが入らなかったので心配したけれど、首や背中に水が沁みることはなかった。体が濡れていたら苦しかったと思う。

松之山の交差点が近づくと、その手前からオレンジ色の街灯が並んでいた。路面は雨で光っている。ここは給油所で何度も右方向と教えてくれたので思い出しながら進んだ。そして次の池尻の交差点は直進して国道253号線に入る。少し安堵して進む。車は何台かすれ違ったけれど、民家の通りに人影はない。雨の夜だから仕方ないが、人を見たのは給油所で道を聞いたのが最後だった。

池尻を過ぎてからも253号線の一本道は続いた。雨の中、1時間半は走っている。休みたいと思ったがコンビニはなかった。

道路の左方向、山の斜面の少し高いところに明かりが浮かんで見えた。虫川大杉駅（北越急行ほくほく線）だった。暗がりを走り続けて来たので明かりがやけに温かく見えた。

私は、道路沿いにバイクを停めた。スマホを見ると、直江津まではまだ30分は走らなくてはいけなかった。トイレにも行きたかった。時間は夜の7時半を過ぎていた。先を急ごう、と思った。

そこから少し行くと、駐在所の赤いランプが目に入った。どこかにバイクを停めて休まなくてはいけないな、と思うと、その先に給油所の明かりが見えてきた。屋根があるので雨も凌げる。

ガソリンはさっき入れたばかりだったけれど、出てきた店員の女の子に私は訳を言って、バイクを停めさせてもらった。そしてトイレを借りた。パウチの栄養剤を少し飲んだ。その間、女の子は私の話し相手をしてくれた。

このところお天気が続いていたけれど、今日の雨はいきなり降りだしたそうだ。余計なことと思いながら、私はその女の子に仕事のことを尋ねてみた。彼女は正規で、もう10年働いていると言う。

お店の営業時間は8時までだった。閉店時間前に辿り着けてよかった。親切に見送ってくれた彼女にただただ感謝をした。

宿まで、あと30分のところまで来た。港が近づくにつれて道幅は広くなり、街灯も増えてきた。次は、春日新田《かすがしんでん》の交差点を右折だった。その後、踏切を渡ってすぐ次の信号を左折して関川を越える。直江津南小学校の先を左に進む。さらに2つ先の信号の中央一丁目を右折した道沿いに宿はあった。

私は、この短い距離で連続する右折や左折がとても苦手だった。地図で見ていると、進行方向からどちらが右か左か、見れば見るほど分からなくなり、頭が混乱してしまう。

そう。私は方向音痴なのだ。

仕方がない。これまでの人生はまったく籠もりがちな文化系で生きてきたのだ。それでも、バイク歴2年半のお陰で経験値は少しずつ増えてきた。情けない自分の経験値だけれど、それを頼りに進んでいくしかないのだ。

◎

最後の曲がり角の中央一丁目ではバイクを降りて確認をした。右折だから右手を出して確かめた。暗い中、間違えてうろうろしてしまったら、着かない気がしたので慎重になった。宿はJR直江津駅のすぐ傍なので、飲み屋街の明るい店先から、スーツ姿の3人がご機嫌で出てくるのが見えた。地図で見ると、宿はショッピングモールのはす向かいにあった。私は路地の先にある宿を探した。

あった。神社が見えた。鳥居をくぐって、そのすぐ右手にあるのが宿泊予定の宿だ。

私は2週間前に来た時と同じように、ホテル1階部分の駐車場奥にバイクを停めた。濡れたレインコートを拭いて、靴下を脱いで、溜まった水を出したバイクブーツをまた履いた。

宿の玄関に向かったのは、ちょうど夜の9時だった。

325キロ走った。早朝5時に横須賀を出てから16時間が過ぎていた。

リュックにはカバーをかけていたけれど、ポーチはそのまま提げて走っていたので、水が滴っていた。部屋の畳にビニール袋を敷いて、ポーチの中の物を並べた。

リップクリームはふたを開けると水が溜まっていた。財布やスマホカバーは濡れてふやけて、充電器は中に水が入ったようで動かなくなっていた。

その晩、私は早々に眠った。


宿は2泊の予定だった。翌日には、直江津港からフェリーで佐渡島へ行きたかったが諦めた。

フェリーの予約をしていなくて幸いだった。すぐ近くにある水族館にも行ってみたかったがやめた。長い時間走ってきたので、体を休めたいと思った。宿に着いた安堵感は確かにあったが、達成感はまったく湧かない。すぐに帰路の準備が頭をもたげる。行きで実感した長い道のりを、今度は帰らなくてはいけないのだ。

交通事故

私が新潟を目指したのは、これが三度目だった。一度目は2週間前の9月14、15日の1泊2日で、富士山方面から甲府、長野を通ってやってきた。千曲川沿いを走り、信濃の一茶記念館にも立ち寄った。

我《われ》と来《き》て遊べや親のない雀
やれ打《う》つな蠅《はえ》が手をすり足をする
是《これ》がまあつひの栖《すみか》か雪五尺《ゆきごしゃく》

一茶の十七音は、どこか切ない。
帰路では、山中湖からの峠道を下るのが日暮れ間近の霧の中で、少々怖い思いをした。けれど無事に往復できた。

私の頭の中には、次に中型の免許を取ることが目標にあった。それには小型バイクを少しでも上手く乗りこなすことが必要だった。近くを走り、ある程度バイクの操作に慣れたら、長距離を走った方が習熟につながるのではないかと感じていた。

自宅から東海道沿いを下れば、途中125ccでは走れないバイパスがある。小型で気にせず走り続けるには、一日で走り切れる直江津までの距離はちょうどよかった。けれど北国の冬は早いので、気候の良い時に私は続けて走っておきたかった。

そんな思いで出掛けたが、二度目の9月18日は甲府まで来たところで、車と追突事故を起こしてしまい、レッカー会社のトラックでの帰路となった。幸い、大きなケガはなかったが、実を言えば両足の付け根のあたりがまだ痛んでいる。それも市販の痛み止めを飲めば落ち着くので、このまま様子をみたいと思う。この事故では多くのことを学んだ。

◎

その日、私は朝の6時近くに出発して、初回とは違うルートの橋本、相模湖方面を走っていた。分岐点では岐路を確かめながら大月バイパス、笹子トンネルを通った。

とても暑い日だったので、休憩をまめにとり水分補給をしながら進んでいた。

勝沼バイパス、甲府バイパスを走り続けた。そして、市街地への分岐のある上阿原《かみあはら》の交差点脇にバイクを停めて、進路の確認をした。

このまま国道20号線を走ればいい。

南アルプスを左手に見ながら、双葉バイパスを道なりに進めば心配ないと思った。

バイクで初めて通ったこの道は、息をのむほど美しく印象深かったのを思い出していた。

お腹は空いてきたが、もう少し走ってしまおうと走り出した矢先のことだった。

突然、前の車のブレーキランプの赤色が、目の前に飛び込んできた。私はウインカーには気付かなかった。

ブレーキだけでは間に合わないと思ったので左に避けようとした。けれど前の車も左折しようとした。ちょうど大型スーパーマーケットの入り口だったので、曲がろうとしたのだろう。

私は車にぶつかって、歩道側に倒れた。

「ゴンッ」と、ヘルメットの右側がアスファルトに当たる音がした。意識はあった。

すぐに自分では起き上がれずにいると、後ろから歩いてきた親子連れのお父さんが、「起こしましょうか?」と言って助けてくれた。

9月の三連休最終日で、道は混んでいた。車は20～30キロでたらたらと辛うじて動きながら繋がっていた。

私は山梨県警の警察官2人に、前方不注意と、車間距離不足を厳しく指摘され叱られた。そして警察官の指示で、追突した車の年配の運転手の方と、現場を指差して記録写真を撮った。

現場検証はしていなかった。警察を呼んだのは私だった。示談になるのかな、と思った。事故処理は1時間ほどで終わった。数人の警察官は帰って行った。私は頭を下げて県警のバンを見送った。

接触した車の運転手の方とは、連絡先を交換して別れた。相手が加入している保険会社の人が早速やってきて、名刺を渡していった。

私はお店に訳を話して、バイクをスーパーの駐輪スペースに停めさせてもらった。バイクは押して移動をすると、カラカラと音がした。エンジンはかけてみようとは思わなかった。新潟への道はまだまだ長い。もうこれ以上は進めない。帰路も5時間はかかる。今、バイクが動いたとしても、不便なところで停まってしまったら、なおさら厄介なことになる。いやいや、それ以上に、その時の私には走る気力も体力も残ってはいなかった。

入っていた保険会社のロードサービスに電話をした。オペレーターの女性が、気遣いながら状況を手際よく聴いてくれた。

私自身の帰路の扱いは、最寄りの駅まではタクシーが使えて後は公共の乗り物を利用する。家の最寄り駅からもタクシーが使えるとのことだった。そしてその全額が保険から下りるので、その際には必ず領収書を提出するように言われた。必要な説明の後、ロードサービスの手配をしているので、じきにドライバーから連絡が入るのを待ってほしい、と言って電話は切れた。

この日、甲府市の気温は34・6度を記録していた。炎天下で外は暑かった。

私はスーパーマーケットのフードコートに移動した。サービスカウンターの店員の女性に訳を話して居させてもらった。窓越しにバイクが見えるのがありがたかった。安心していられた。私は宿泊予定の宿と、翌日行くつもりだった佐渡行きのフェリーにキャンセルの電話を入れた。間際だったので、どちらにも事情を伝えた。

必要な連絡が済んだころ、レッカー会社のドライバーから電話が入り、トラックの到着は2時8分頃だと告げられた。到着まで、まだ1時間はある。私はお腹が空いていたのでまずは食べて、疲れも回復したいと思った。

◎

スーパーで買ったお昼をフードコートで食べながら帰路を調べてみた。ここから甲府駅までタクシーで出て、甲府から八王子までJR特急あずさで1時間。その後は在来線を一、二度乗り継げば3時間ほどで横須賀に帰れそうだった。料金も4000円くらいだった。

フードコートの席の並びには、小学生くらいの女の子2人と母親らしい人が座った。女の子たちはお店で買ったアイスを食べて、それから、カバンからそれぞれお弁当を出して食べ始めた。お母さんも、そして後から来たお父さんも皆で並んでお弁当を食べていた。

私はふと、自分が娘のお弁当作りを途中で放り出して、家を出てしまったことを思い出した。今も元夫は、娘の食事を世話しながら仕事に出ている。社会人になっているとはいえ、息子にも何もしてやれなくなった。

事故を負って挫けた心が少し上を向いた。やりかけたバイクを、ここでは終われないと思った。

トラックの到着予定まで、まだ30分以上はあった。その時、携帯電話がなった。ドライバーからだった。着いたので外に出てきてほしいと言われた。私は椅子から立ち上がった。すると足の付け根、恥骨のあたりの痛みが増しているのを感じた。リュックを肩にかけるとずっしりと重さが骨にひびいた。サービスカウンターの横を通る時に、私は店員の女性にお礼を言った。痛くて脚が上がらなかった。引きずるように歩いて外へ出た。

迎えのトラックは意外に大きく、スーパーの広い駐車場の隅に停まっていた。ドライバーは店の出口に立っていた。駐輪場からトラックまでバイクを押してくれたので、私は後から付いて歩いた。ドライバーはバイクの輸送先を確認して、もう大丈夫ですからと言った。私は行き先は自宅ではなく、バイク屋を指定した。

トラックには、すでに青い250ccのバイクが1台載っていたが、荷台がスライドして地面に平らについた。そして私のバイクを平行に置いて、ロープで固定をする。作業は思いのほか時間を要した。私はトラックが無事に出発するまで見届けたいと思い、ドライバーからは見えない駐車場の一角にいた。

しばらくして作業が終わり、ドライバーは運転席に入った。炎天下の作業だったので、申し訳ないような気がした。私は気を急かしながら、店の外にある自動販売機まで辿り着

き、飲み物を買い、差し入れをした。するとドライバーはお礼を言った後、

「良ければバイクと同じところまで乗せて行きますよ」と、提案してくれた。

事故のすぐ後、私のケガは相手の車の方に呼んでもらった救急車の隊員から問診を受けていた。体の右側を下にして倒れたので、右腕は痣やすり傷になっていた。それから、恥骨のあたりの痛みも伝えた。

「このまま病院へ行きますか?」その時に救急隊員は訊いてくれたが、私は断った。バイクを置いたままにはできないし、帰ってから様子を見て、地元の医者に行けば良いかと判断したからだった。

それにしても、打撲というのは時間が経つにつれて痛みが増すものなのか、だんだん動くのがつらくなっていた。

電車で帰れば、駅まではタクシーが使えても、ホームへの移動はしなくてはいけない。このスーパーマーケットの平らな駐車場ですら、歩くのがままならなくなっていた私は、致し方なく好意に甘えることにした。

もちろんドライバーは男性なので、多少の不安は正直あった。けれど、仕事なのだから信頼できるのではないか、それに、バイク2台を載せたトラックは、どこへ行っても大きくて目立つであろうと思った。

◎

ドライバーの名前は浅木さんと言った。浅木さんは、スマホは苦手と言いながら、音声入力をして調べた順路をカーナビに設定していた。そして、「横須賀と秦野だと、秦野が先の方がいいでしょうかね」そんなふうに私に尋ねた。

先に乗せていた青いバイクは、秦野のバイク屋まで届けるということだった。

秦野のバイク屋の営業時間は夜8時までだった。私は早くに帰りたかったけれど、仕方がないと思った。私の方のバイク屋は6時が閉店だった。今は、昼の2時過ぎだけれど、6時までには間に合いそうもない。

私はバイク屋に連絡をして、店先にバイクを置かせてもらえるように頼んだ。そして、鍵の預け場所がないと言うので、翌朝、開店前にはお店に鍵を届けますと約束をした。

浅木さんの運転するトラックは、出発してから下道は順調に動いていたが、中央自動車道に乗った途端に渋滞にはまった。天気に恵まれた9月の三連休最終日なので、仕方がないのかと思ったが、浅木さんはこれほどの渋滞は稀だと言った。

勝沼パーキング、初狩パーキング、談合坂を通り過ぎると、どのパーキングも入り口付近では車の長い列ができていた。また、トイレを待つ人の行列も見えた。

私は車に乗せてもらったことを後悔し始めた。甘えずに電車で帰るべきだったのかと思い、情けなくなった。どこかで降ろしてもらおうかとも思った。

けれど、高速道路を降りて、下道に出て最寄りの駅まで送ってもらえば、かなりの面倒になるだろう。これからは、開き直って乗せていただくしかない、と腹を括った。

そんな時、ふとバックミラーが目に留まった。細いミラーに私のグリーンのバイクの正面が映っていた。私のちょうど後ろの位置に乗っている。何だかとても嬉しそうに見えた。私が一緒だから安心しているに違いない。まるで子どものようで、かわいく思えて仕方なかった。

何はともあれ、自分のバイクと一緒なのだから、それで良いのだと思えた。

◎

車は甲府から小仏トンネルまで約95キロを1時間40分で着くところを、この日は渋滞が激しく、トンネルに辿り着くまでに4時間近くかかった。事故の影響で、トンネル入り口までが一車線になっていたのだ。トンネルに入ると、「渋滞の先頭は抜けました」と、繰り返しアナウンスが流れていた。

少し先に進むと、海老名ジャンクションでも車の長い列ができていたが、渋滞が起きているのは東京方面で、秦野に向かう下り方面はまったくスムーズだった。

東名インターを秦野中井で下りてから、一つ街を抜けた国道沿いにバイク屋はあった。バイク屋に到着して、トラックからバイクを降ろす間に、私はトイレを借りた。少し高いトラックの助手席から、一段下のステップを踏むと、恥骨に痛みが走った。地面に足をつく、その動作がかなりつらくなっていた。

座っている時に痛みはないが、動き始める時がつらかった。私は小さな歩幅の摺り足で進んで、トイレを済ませてトラックの席に戻った。もう7時を回っていた。

その後、近くのコンビニに寄ってもらった。

私はそこでおむすびやサンドイッチを買って、浅木さんに渡した。私もおむすびを食べた。これから私のバイクを横須賀まで運ぶ。

海老名ジャンクションを過ぎてからは、逆方向の高速道路への道がとても混んでいたこともあり、下道を走った。

途中、一本道で道を間違えて、行き止まりからバックで折り返した。さすがに3トントラックでは大変だな、と思っていたら、浅木さんは、過去に200メートルほど距離がある道を、バックで抜けたことがあると教えてくれた。翌日、体調を崩したそうだけれど、ほかにも数々の経験をくぐりぬけて来られたようだった。

浅木さんの会社は安曇野にあり、そこから車は出発している。走行距離は、安曇野から半径220キロから230キロくらいで、京都・大阪方面へはよく行くそうだ。さらに半径600キロから800キロの範囲もざらに走るそうだ。諏訪から青森へ、山梨から高知へ行ったケースもあるという。

また、雪道の高速道路で立ち往生した車を取りに、除雪車に先導してもらいながら走ったり、別荘地では番地が出ないので、電話で聞きながら山道を走ったりしたこともあるそうだ。その上驚いたのは、この週末のロードサービスの仕事は副業であるということだ。

浅木さんは、ふと窓の外の山を指さした。

「ほら、あれ」

言われた方を見て、何か分からず首を傾げると、「鉄塔だよ、鉄塔」と言う。

山の中に鉄塔を建てるのが本業だそうだ。

「じゃあ、上に登るのですか?」と尋ねると、「昔は登っていたけどね」。

今は、下へ下へと掘っているそうだ。

凄い。ガテン系の仕事を掛け持ちしているなんて。決して大柄ではない、スリムな体形の浅木さんだ。

車では無線がよく入っていた。オペレーターは社長の仕事だそうで、明るい張りのある男性の声が、出先のドライバーからの連絡を受けていた。

「54、埼玉で搬送完了です」「30、現着です」と、次々と報告が入っていた。

朝に山梨県笛吹市を出たトラックは、甲府市内で車を積み、東京の高井戸まで運ぶそうだ。その後、横浜で車を積んで世田谷まで運ぶ。そして再び笛吹市まで戻る。そんな仕事のパターンもあると、無線を聴く私に教えてくれた。

今日、浅木さんは、先に積んであった２５０ccのバイクを秦野に届けた後、もう1件、東京方面へ行く予定だったそうだ。けれど、私の連絡が入って、東京へ行くより横須賀の方が幾分近いかと思い、変更して来てくれたのだった。

三連休でトラックは手が足りず、後日に取りに行く手配となった車もあると言っていた。私はたまたま近くに浅木さんのトラックがあったので、運が良かったのだ。

というか、事故の後のバイクと聞いて、乗っていた私の身を案じて来てくれたのではないか、とも思った。

基本、車両輸送の際に同乗はさせないのが決まりだそうだ。一人で走っていた方が、気楽だろうとも思う。ただ、バイクを自分では押せず、どうにか歩く私の姿を見て、危惧してくれたのだと思う。人道上、見過ごせなかったのだ。感謝しかなかった。

浅木さんは、釣りが趣味で、今の時期、休みの日には松本から糸魚川へ出て、新子のアオリイカを釣ったり、富山ではエソを釣ったりもすると言っていた。

この仕事は副業で10年のキャリアと言うけれど、しっかりと運転をしながら、助手席にマスクをしたまま黙って座る私に話も絶やさない。その仕事ぶりに、ただただ敬服するばかりだった。

秦野からは、藤沢駅の脇を通り、国道1号線を通って横須賀まで帰ってきた。

浦賀のバイク屋に着いたのはちょうど夜の10時だった。

浅木さんがバイクを降ろす間に、私も自分の足元に置いてあったリュックを車から降ろした。浅木さんは、手際よくバイクを店先の隅に置き、ロックをかけてくれた。

脚の痛みはますます強くなっていた。明日の朝に、自分でバイクの鍵を届けられるか、とても不安だった。

鍵をバイク屋の外水道の脇にあったバケツに入れて帰ろうと思い、一度は鍵をバケツに置いてもらった。けれど私たちが着いた時から、お店の前でずっと電話をしている、見覚えのない若者がいて気になっていた。

やはり鍵は自分が持って帰ることにした。

バイク屋は、私の家よりも7キロほど先にあった。私は、すっかり浅木さんに甘えてしまい、申し訳ない気持ちでいっぱいだった。

後でお礼がしたかったので、浅木さんの連絡先を伺うと、それではと会社の名刺をくれた。そして、「送って行きましょうか？」と言ってくださった。

浦賀インターは目の前にある。次の日も仕事があると聞いていたので、すぐにでも高速に乗って帰ってほしいと願っていた。

けれど、浅木さんは途中で給油をしてから帰るからと、私のリュックを手早く車に積んで、自宅まで送ってくださった。本当に、感謝しかなかった。

私が車を降りたのは夜の11時だった。

浅木さんは運転席から出てきて、私にお辞儀をしてくれた。

「ありがとうございました。お気を付けて」と、挨拶する私に、

「慣れていますから大丈夫です」と、言葉を残して帰って行った。

会った時から、さようならするまで、終始きびきびと動く何ともド根性な人だった。

私は翌朝、痛みは変わらなかったが、何とか歩きと電車でバイク屋に行くことができた。

帰りに病院へ行って、レントゲンを撮ってもらった。骨に異常はなく一安心だった。


1週間後、バイク屋から修理が終わったと電話があった。

正直取りに行きたくなかった。このままバイクに乗らずに済めばどれほど気が楽だろう。

事故車をそのまま預けて手放す人もいるだろうな、と思った。

お店で修理されたバイクに乗ってみると、クラッチペダルが柔らかくなっていて動かしやすかった。シートの高さも心なしか以前より低く感じた。

お店の人に前回行った時に買ってあったお土産を渡すと、「新潟に行ってきたんですか?」

「みんなで頂きます」と言ってくれた。嬉しかった。励みをもらった。


帰りがけに観音崎を回ると、前をスクーターのおじさんが走っていた。

丁寧な走り方だったので、少しの間後ろをついて行った。

そしてコーナーの曲がり方などを真似てみた。すると気持ちが落ち着いてきた。

市内にある幼なじみのお墓にも寄った。青森・恐山にお弔いに行くまでは、見守っていてほしいと願った。

再び新潟へ行くことにしたのは、間を空けたら、もう行けなくなりそうだったからだ。気持ちが萎えて、これまでのような走り方はできなくなるだろう。近所をちまちまと走っていても、事故の記憶を払拭できないとも思った。

時間をかけてバイクに乗ってきたのに、後戻りしてしまうのが惜しくて嫌だった。

この事故を起こしてから10日後、私は三度目の新潟行きを決めた。

宿からの風景

大雨の翌朝、直江津の宿で、私はコンビニで買ってあったチキンとおむすびを食べ、牛乳を飲んだ。体は少し重かった。

昨日は長い時間バイクに乗っていたのだから仕方がないけれど、先日の打撲の痛みが再び出ていた。

私は宿近くのショッピングモールや100円ショップが開く時間を待って出かけた。帰路の雨に備えて、メモを入れるビニール袋や、経路を書き出す厚紙が欲しかった。それから、今日のお昼と晩、明日の朝食の食材を買わなければいけない。幸い、近くにお店は集まっていた。そのあたりを歩くのがやっとだった。

こちらに来てからまだ日本海を見ていなかった。海は宿から歩いて数分だけれど、行けなかった。夕日が沈む時間に合わせて出るのも諦めた。私は部屋のベッドでごろごろと休んでいた。

夕方4時過ぎ、開いていた窓の外から子どもたちのはしゃぐ声が聞こえてきた。見ると、神社の境内の芝の上で小学生ぐらいの子どもたちがドッジボールをして遊んでいた。

兄妹だろうか、男の子と女の子5人で、黄色いボールを投げ合っては「きゃ～」と奇声を発したり、げらげらと笑ったりしながら、ころころと草の上を転げていた。

いいなぁ、と思った。

その様子は庭先に来た雀たちがチュンチュンと鳴いて、餌を啄んでいるようだと思った。子どものそんな姿を見たのは久しぶりだった。

ふと、都会の子どもたちは、どんなふうに遊んでいるのかな、と思った。

以前、新聞で、ＡＩの知能に勝てるのは、実体験のある人間だとＡＩ研究を進める新井紀子さんが言っていたのを思い出す。子どもの心を育てることを大事にしたいと言っていた。「遊び」の中で楽しい、嬉しい、痛い、悲しいなど感情を育てることで、ＡＩにはできない、読解力、意味を理解する能力が育つそうだ。

この子たちは勝てるに違いないな、と思った。

近くの学校からチャイムの音が聞こえてきた。棚の向こうの小窓から風が入ってくる。日中の暑さが和らいだ涼しい秋の風だった。

いつの間にか子どもたちの姿はなかった。

窓辺に干してあるバイクブーツは、だいぶ乾いてきた。中にはコンビニで買ってきた新聞紙を丸めて詰めている。

バイクブーツに詰めた新聞は「新潟日報」だった。詰める時に読むと、地元の特色が窺えた。面白い記事が詰まっていた。何より子どもファーストであることが、とてもよく伝わってくる。

県内7地域から選ばれた小学生の作文が、「夢」「大きくなったら」「自由帳」「チャレンジ」などの題で、顔写真と共に各紙面の目立つところに載っていた。

子どもが読みやすい記事や、子ども向けの英語で書かれた記事なども大きくあった。

気のせいだろうか、登下校途中の子どもたちを見かけたが、一緒に歩く友だち同士、和気あいあいと会話が弾んでいた。そして落ち着いた物腰の子どもが多く見受けられた。働く大人も模範的だと思う。

まだ朝の8時前だったけれど、ショッピングモールや銀行の前では、それぞれゴミ袋を手に、自分の店の周りや道端のゴミ拾い、草取りをする店員さんたちの姿を見かけた。自分たちのまちは自分たちで守る。

そんな気概が伝わってくるようだった。その中を、子どもたちは登校するのだから、素敵な町だな、と感じずにはいられなかった。


私は早めにお風呂をすませて、帰路の道順を書き出し始めた。

行きは相模湾沿いの国道134号線を経て、神奈川県央地域を通る国道129号線を北上して来た。けれど、帰路は八王子バイパスから鎌倉方面か横浜市保土ヶ谷区へ、そして環状2号線を走って国道16号線へ抜ける道を選んだ。

道順を書き出す作業はいつも思いのほか時間がかかる。あっという間に3、4時間が過ぎてしまう。けれど、それだけ時間をかけても、間違えずに走れることはない。

バイクを始めた当初、道は分岐で間違えても先で繋がっていると思い、適当に走っていて迷った。

記憶力も壊滅的で2、3日後に同じ道を走ってもまったく覚えていない。出るたびに道に迷い、かなり打ちひしがれて、記憶に頼るのは諦めた。

そんな時期を乗り越えて、「何度走っても、初めての道！」と思って走るようになった。

そう思うことで穏やかな気持ちで冷静に運転できるようになっていった。


私は書き出している途中で眠くなってしまった。熊谷バイパスの柿沼の信号までの経路は、行きのメモと照らし合わせたので確かだったが、それ以降、河原町、扇町屋を経てからは行きとは違う道を辿って、曖昧になってしまった。そのあたりまで来れば、後は東京都昭島市にある小荷田交差点を経て、東京環状から八王子バイパスに乗れば良いのだと思った。

あっという間に夜の10時半を過ぎていた。

私は急いで布団に入った。

帰路〜横須賀まで〜

翌日、目が覚めたのは朝方の3時頃だった。目覚ましは4時にかけてあり、5時過ぎに出発する予定だった。

朝ご飯を食べた。それから宿にいるうちに、お通じがあるようにと少し体操をした。

窓を開けると空気は冷たかった。いつもの身支度に加えてカーディガンを着ようか迷ったが、とりあえず今まで通りにしようと決めた。お通じはしっかりあったのでよかった。

宿を出て駐車場に行くと、向かいの神社の社務所で「朝の会」と書かれた看板があり、中では年配の女性たちが集い、ダンスだろうか、何か活動をしていた。

帰りは前回来た時に寄った「親鸞聖人上陸の地」にご挨拶だけして帰りたかった。この直江津が親鸞聖人ゆかりの地と知ったのは、初めて来た時に、道すがら案内の立て札を見てからだった。宿からは車で数分のところだった。

真っすぐな道で行けた気がしたので、走り始めた。あたりはまだ暗い。確か民家を抜けてすぐだったと思い走るが、道の両脇は藪になっていて家はない。

緩やかな下り坂を進むと海岸線に出た。道路脇の砂浜には白波が寄せている。新潟で海岸に来たのは初めてだった。

親鸞聖人上陸の地記念公園は、海を見下ろす高台にあった。

私が今いるのは公園ではない。けれど、およそ800年前の古の時、親鸞聖人様が立った砂浜はこのあたりに違いない、と思った。

海の向こうの水平線がほのかに赤くなり始めていた。ここを早く出発しなくてはいけない。記念公園には行けなかったけれど、波打ち際に来られてよかった、と自分を納得させて、来た道を戻った。

ほどなく国道253号線へと出た。あたりはまた少し明るくなってきた。

道端で行き先を確認していると、車庫のシャッターを開けて出かけようとする人がいた。車やバイクが私を抜いて国道を走って行く。迷わず行けるところは、さっさと走って行こう。私は気合を入れた。

しばらく道なりだった。

途中には、行きに雨宿りをさせてもらった給油所がある。私は、直江津のショッピングモールで買ってあったお菓子を届けたいと思っていた。

確か頸城《くびき》という地域だったと記憶していたけれど、分からなかった。私のすることだ。また見落としてしまったな、と思い諦めて走り続けた。

◎

山道に入りカーブの道が続いた。走り始めて1時間ほど経ったので、少し休もうと思った。

見晴らしの良い、開けたところに出た。道路脇に駐車スペースがあり、白いバンが停まっていた。石川ナンバーだった。私はその車の先に停めて、バイクを降りた。そして体を伸ばして目を覚ました。

空は薄曇り。暑くはないので水は飲みたくなかった。

目の前には、ススキの穂が揺れている。その下には蔓草《つるくさ》がきれいな紫色の実を付けていた。採ろうとしたが蔓は強くて、手では切れなかった。ススキも強くて採れない。私は写真だけ撮らせてもらった。バンのドライバーは、車中で仮眠をとっているようだった。

私はまた走り出した。それから間もなく最初の目標にしていた十日町市の池尻交差点を

過ぎた。

この調子で帰ろう。こうして一つずつ、一つずつ、メモに書き出してある場所を辿れば横須賀に着けるのだから。


交差点を過ぎたところに、ふと見ると、道路に緑色の毬栗《いがぐり》が一つ落ちていた。

私は拾って帰りたいと思った。バイクを道路脇に停めて毬を手にとると、中は空っぽだった。近くを見ると一粒だけ栗が落ちていたので、それを毬の中に入れた。そしてバイクのリアボックスの中にしまった。

そんなことをしていたら、突然ゆるゆるとバイクが傾き、左に倒れてしまった。スタンドの立て方が甘かったのだ。

私は起こそうとした。けれど、道路のすぐ横には、およそ30センチから40センチ幅の側溝があり、足を上手く踏ん張れない。それから左腰も痛かった。

気付くと右手のグラブが見当たらず、落としてしまったかと思い、少し焦る。

車の通りはほとんどない。50メートル先に消防署があって、さっき人影を見たけれど、助けを求めに行くのを迷っていた。

そんな時、向かい側から車が1台走ってきた。過ぎ去ったか、と思ったら少しバックを

して、

「大丈夫ですか?」と、声をかけてくれた。

「すみません、起こせなくて」

と言うと、車から降りてきてバイクのハンドルを持って一緒に起こしてくれた。よかった。お礼を言うと笑顔で応えてくださった。まさに旱天の慈雨のようだった。

それにしても右手のグラブはどこへ行ったのか。さっき、ススキを採ろうとした時に外して、そのままグラブをつけていなかったのか? いや、まさかそんなことはないだろう。

では、バイクのリアボックスの中か? 探したがなかった。

バイクの周りにもない、そう思いながら、ふと後ろの草むらを見たら、あった。バイクが倒れた拍子に落ちたのだと分かった。帰路は、行きより疲れているし注意力も落ちる。これからは寄り道をするのはやめようと反省した。

池尻を抜けて国道353号線、十日町市を走っていく。

時に、スマホのカーナビアプリの地図では気付かなかった分岐に出くわすことがある。私は津南町へと入っていた。その道は、信濃川水系船繋川沿いにあった。川は見えないけれど、バイクを停めるとせせらぎの音が聞こえた。

正面に直進できる道と、左手は幅の広い道があった。よく見ると、前には看板があり通行禁止と書いてある。停まって見なければ分からなかった。けれど、その通行禁止の方から車が1台、私の方にやって来た。もみじマークがついていた。

「どこまで行くのですか？」と、運転している年配の方が私に尋ねた。

「松之山の方ですか、分かりますか？　ついてきてください」とおっしゃった。けれど私はご心配なく、とお礼を言った。

迷うのなら自分のせいで迷いたいと思った。

松之山を過ぎて、信濃川を渡って県道117号線に出た。行きに見過ごした駒返の信号も無事に通過した。

山崎の交差点から353号線の山道に入り、石打へと抜ける。そしてガーラ湯沢駅、越後湯沢駅前を過ぎた。その先にコンビニが見えたので、道路から流れるように店の駐車場に入り、バイクを停めた。池尻から1時間半走っていたので、休憩のタイミングだった。トイレと、それから腰の痛みが気になったので、痛み止めを飲みたいと思った。薬は空腹時には飲まないようにと注意書きにあったので、味付け煮玉子2つと、ツナサラダ巻きを食べてから薬を飲んだ。

そこでは隣に駐車していた方にお願いをして、バイクと一緒の写真を撮っていただいた。

バイクを始める前、バイク用品店で初めてフルフェイスのヘルメットを被った時のことを忘れられない。

被った途端、全身が硬直した。

こんなふうに重みを感じるもので、頭や顔を圧迫されたことはなかった。気が遠くなりそうだった。シールドを上げた向こう側は、違う空気が漂っていて、異次元のような気がした。

その、ほんの数分前に、私はお店で働く女の子がバイクの免許を持っていないと言うので「何で？」と、無邪気に訊いていた。私はバイクという乗り物がどういうものなのかまだ知らなかったのだ。それから2年8ヶ月後の今、越後の深緑の山並みに包まれて、バイクと共に笑顔でいる自分が信じられないようでもあった。

また、元気を取り戻して出発した。

走り始めて5分ほどすると、道の駅「みつまた」があった。行きにトイレを借りたところだった。できたら帰りに、何か買い物をしたいと思っていたが、先ほどのコンビニでゆっくり過ごしてしまったので、ここは諦めることにして走り過ぎた。

店先には「苗場プリン」と書かれたのぼり旗が揺れていた。とても心残りだった。

三国街道で石打に入った頃から、行く先の空模様が怪しかった。やはりぽつぽつと雨が降り出した。

様子を見ていたが上がる気配はないので、レインコートを着るのにバイクを停める場所を探した。ちょうど先に、おしゃれなロッジが見えたので停まった。

赤い屋根の脇には、リスの付いた風見鶏が回っていて、「平標茶屋」と看板があった。玄関先には「ただいまはお電話ください」とメッセージがあって、電話番号が記してあった。留守のようだった。

ロッジのはす向かいには、路線バスの停留所があって、着いたばかりのバスからは登山姿の3人が降りてきた。ご両親と若いお嬢さんのようだった。バス停の傍らで、私と同じようにリュックからレインコートを出して着ていた。

道路の向こう側には、赤やピンクのコスモスがきれいに並んで揺れていた。

私は再び走り出した。

苗場スキー場は、行きと同じで降りしきる雨の中を走った。ああ、私はよほどこのスキ

ー場に疎まれているのかな。ちょっと、そんなふうに思ってしまう。いやいや、そんなことはない。私は頭の中で打ち消しながら走り過ぎた。

三国街道から月夜野バイパス、沼田バイパス、利根川を渡って上武道路を走る。熊谷バイパスまでは、ずっと国道17号線になる。上武道路の手前、渋川インターの給油所に寄ったのはちょうど午前11時、走り始めて6時間経った頃だった。雨は小降りになっていた。給油所では店員のおじさんが親切に、どこまで行くのかと尋ねてくれた。上武道路だと伝えると、「まだ先がありますね」と、教えてくれた。

私はもうすぐかと思っていたが、その手前にはもうひとつ、前橋渋川バイパスがあった。次に右折する熊谷バイパスの柿沼までは、今いる給油所からスマホの予測時間でも、1時間以上は走らなければならなかった。

◎

熊谷バイパスに入ったのを確認して、私は、「柿沼、柿沼」と思いながら走っていた。道路は、車も走ってはいたが、終始スムーズにスピードに乗って進めた。

ところがなかなか次に曲がる柿沼の信号に当たらなかった。そして、行く先には「行田市」と、下調べにない地名が出てきた。どうやら行き過ぎたようだった。私は、Uターンできる場所まで走ってスマホで調べると、戻って2つ先の信号を左折すればよかった。

左に曲がってから、私は自分が柿沼の信号を見落としていなかったことが分かった。熊谷バイパスでは、左折した脇道の先に「柿沼」があったのだ。その脇道の入り口には小さな道路標識があった。そこには、国道341号線とあって、国道407号線に繋がる、と書いてあった。407号線は目指している道路だった。私はその標識を、瞬時には読めずに通り過ぎていたのだった。行きと帰りでは道路標識も違う。私の注意力にも限界がある。もうこれは、私にはどうしようもないことと思った。ただ、下調べの段階で、地名だけではなく、どの道を通って帰るのかを、把握しておく必要があることと、分岐が近くなったらあたりの道路標識に気を付けることを頭に入れて走りたいと、強く感じた出来事だった。

柿沼から東京環状国道16号線を2時間半余り走った。そして東京都昭島市小荷田の交差点に着いた。

本当はそこで左折をするつもりだったが、周りの車の速度は速かった。私は気後れして曲がり損ねてしまった。Uターンすることもできたが、大きな交差点で気が重かった。

バイクを道の端に寄せてスマホで調べると曲がらずにそのまま道なりでも、次に目指す左入町の信号までは行けそうだった。広い道ではなかったけれど、道なりに走って行く車もあったので、私はそのまま民家の間の県道29号線を進んでみることにした。

その道は、それまでの国道とは打って変わって清閑な町中にあった。

多摩川沿いにお寺や昭島市の図書館、小中学校、私立高校があった。

往路で調べた時、スマホではこの道が出ていたが、私は見落として一本先の道を曲がっていた。トラックも走っていたが、慣れていないと見過ごしてしまいそうな道だと思った。その道を抜けると再び16号線に出た。そこで右折して、多摩川を渡り、左入町の信号を左に曲がれば、後は、横須賀までひた走って帰れる。国道へ出るための赤信号を待ちながら、安堵の気持ちでいっぱいになった。

そこへ、突然私を呼び止める声がした。

「緑色のバイク、そこは右折禁止ですよ」

右方向にいたパトカーのスピーカーから注意を受けた。

私は、頭からサーッと血の気が引いて、即座にバイクから降りた。そして、青に変わった横断歩道で国道の反対側へと渡った。

私は、道路傍でパトカーに捕まるものと覚悟をして待った。けれどパトカーは来なかった。

確かに29号線を抜けてから、国道を渡る信号下に右への矢印はなかった。横断歩道を渡った先には、直進と左折のみの交通標識があった。信号待ちをしていたところにも、同じ標識があったのだろう、と思った。私が見落としたに違いなかった。

スマホのカーナビにも帰り道は、この29号県道は表示されていなかった。なぜだろうか、と思って走っていたけれど、やはりスマホの情報は正確なのだと思い知らされた。

左入町の信号を左折すると、私はへなへなと全身の力が抜けるようで、歩道にバイクを停めてしゃがみ込んだ。すでに夕暮れ時になっていてあたりは暗く、空の下の方にだけ薄い赤色が残っていた。

パトカーから注意は受けたものの、違反の処分を免れたのは本当に運が良かった。けれど、呼び止められて一瞬のうちに固まった心は解けることなく、それまでの疲れを一気に呼び込んでしまった。

もう夕方5時を過ぎたのに、これから八王子を抜けなくてはいけない。残る63キロの道のりが、果てしなく遠くに思えた。そこへ消防車がサイレンを鳴らして走り去って行った。

なんだか励ましをもらった気がした。大丈夫。まだ走れる。そう思って私は腰を上げた。

◎

そこからは慣れた道だから、確かに迷うことはなかった。けれど待っていたのは夕方の渋滞だった。

八王子バイパスに乗る前と、バイパスを抜けてからの16号線は、ずっと車が繋がって、辛うじて動いている状態だった。いつもなら車の脇を抜けて進むのだけれど、さすがに今日は先ほどのことが頭から離れない。どうしても車を抜く気にはなれなかったので、車の流れに合わせながら走った。

私は10日ほど前、二度目に新潟を目指した時に、車との追突事故を起こしてロードサービスのトラックで自宅に帰っている。バイクを乗り続けるには、二度と同じ失敗はできない。バイクを低速で走ったり、停めたりを繰り返すのはつらい。前の車とは車間距離を置きながら、前方をよく見て走った。当たり前のことだけれど、保土ヶ谷バイパス入り口、南町田北交差点までの1時間ほどの間、集中力は途切れなかった。

それは自分でも驚くほどだった。よく考えれば、ただ車にぶつかっただけでは、これほど長い時間集中して走り続けることはできなかったと思う。

私は接触事故を起こした後、山梨県警の警察官2人から、前方不注意と車間距離不足に対する注意を受けていた。それは、なぜそこまで？　と思うくらい、怖い顔で強く叱責された。その2人だけ黄色いベストを着ていたことも鮮明に覚えている。

渋滞の中を走りながら、初めてその意味が分かった気がした。それは、私が二度と同じ事故を起こさないように、決して忘れないようにとの警察官の親心だったに違いない、と思った。

長い渋滞をようやく抜けて、コンビニに着いてヘルメットを外した。

私は、心の中であの時の警察官のご苦労にただただ深謝した。

◎

鶴間からは久しぶりの八王子街道だった。このところ、下鶴間から鎌倉方面へのルートを通って帰ることが多かった。その時は、歩道橋に標示のある交差点「上鶴間高校入口前」の文字を目印に、その先を左にそれる道に入っていた。

この日も、探しながら走っていたけれど、暗い中で見落としてしまったようで、左方向への脇道を通り過ぎてから気が付いた。片側3車線の広い国道で引き返すのは面倒だったので、そのまま八王子街道にそれて、星川二丁目から環状2号線に乗ることにした。

実は道なりに帰れるこのルートの方が楽ではあった。この時に幸いだったのは、環状2号線が混んでいなかったことだった。八王子バイパスを下りてから、ずっと渋滞にはまっていたので、走り抜けられてとても心地よかった。

環状2号線の高架橋の終わりは、両脇が透き通った防音壁だった。暗闇に浮かんだ壁の全面に、車のヘッドライトやテールライトの黄色や赤が反射して、きらきらと彩りを放っていた。

その光は「おかえり」といって私とバイクを包んで迎えてくれているようだった。

会遇

バイク教習

修理でいつもお世話になっているバイク屋さんに問われたことがあった。

「そんなに転《こ》けていて、よくやめたくなりませんね」と言われた。

本当に、その通りだった。

正直言えば、やめたい気持ちには何度もなっている。

けれど、自分の生きてきた道のりを振り返ると、これほどの時間や労力をかけて続けてきたことは今まで他になかったように思う。

進歩は微々たるものだけれど、確かに自分なりに進んではいる。

もう少しだけできるところまで試したい、今はそう思っている。

私は運動が苦手だった。

小学校5年生の運動会では、足が遅くて50メートル走は障害のあるクラスの友だちと走っていた。6年生の時は、予行練習で騎馬戦の上から落ちて腕を骨折した。運動会当日は競技には出られなかった。運動に関しては、良い思い出がなかった。

私が初めて自転車に乗ったのは、中学校を卒業した後の春休みだった。卒業を前に担任の体育科の先生が、

「自転車に乗れると楽しいわよ」と、クラスで話したことがきっかけだった。

その春休みに、私は空き地で友だちに自転車の後ろを押してもらって乗る練習をした。一人で市内の交通公園にも行った。

中学校の恩師のひと言がなかったら、私は自転車に乗ることはなかったと思う。


初めて原付バイクに乗ったのは、55歳と9ヶ月の時だった。

初めは路地裏の一本道を何度も往復した。アクセルをちょっと捻るだけで動くという感覚になかなか馴染めなかった。給油が初めて道路に出るきっかけだった。国道に出るのは本当に怖かったので、車の少ない早朝に出かけた。

バックミラーに朝日が映り込んだのを初めて見た時には胸が熱くなった。生まれ育った

町を、自分がバイクで走るなどとは思いもよらないことだった。

乗り始めて1週間後に、久里浜からフェリーで千葉県の最南端の野島崎に行った。それを皮切りに、八王子、府中、東京都練馬区にあるちひろ美術館などへルートを変えながら繰り返し通った。

どこへ行ってもたいていは、三浦半島の先の城ヶ島、三崎港、油壷、三崎口駅を回ってから帰っていたので途中に立ち寄る余裕はなかった。

とにかく少しでも多く原付に乗って、バイクの操作や道路に慣れたいと思った。

バイクに乗るということは、地図を見ることも必要だった。

私はこれまでの人生で、地図などまともに見たことはなかった。小学校で畑やお寺などを表す地図記号を習って以来ではないかと思う。

原付に乗り始めた頃、八王子駅を目指して何度か走ったが、その頃は分厚いタウンマップを持ち歩いていた。

下調べでタウンマップに付けた付箋を頼りに、道端に原付を停めて行路を探していた。けれど戸外で走る中、細かい地図は全く頭には入ってこなかった。たまたま出くわした人に尋ねるしかなかった。

しばらくして、スマホのカーナビで調べるようになってからは、国道から街道への出方が分からずに悩んだ。よく見れば、分かれ道があったが、ビギナーの私の注意力では難解だった。車やバイクに乗っていて『道路《みち》』と言えば、たいてい国道や県道を差すのに私は、住宅街の路地も道路も区別がなかった。

八王子駅からの帰り道、鎌倉方面に通じる街道を16号線から探すのに、住宅街を彷徨い暗がりで転びながら、結局、街道には出られず、3キロ余りの道のりを16号へと戻ったことがあった。この道が分かるようになるまでには、かなりの時間を要した。

さらに、後になって知ったことがある。それは、八王子バイパスは、原付、自転車も通行できるということだ。私は原付で何度も下道を走っていた。どおりで道は途切れ途切れで走りにくかった。かなり余計な時間を費やしてしまった。バイクの乗り始めは、誰かに教われる環境が望ましいのかもしれない。

ちひろ美術館への道も、環状8号線から新青梅街道への出方が分からず、地下道が1キロ続く井荻トンネルに迷い込んだこともあった。美術館に彷徨わずに行かれたのは4、5度目だった。一日に2往復したこともあるが、まだ入館は出来ずにいる。ゆっくり鑑賞できる日を夢見ている。

私の原付の走行距離は半年で、月の外周1万921キロを超えた。毎日およそ70キロ走ったことになる。

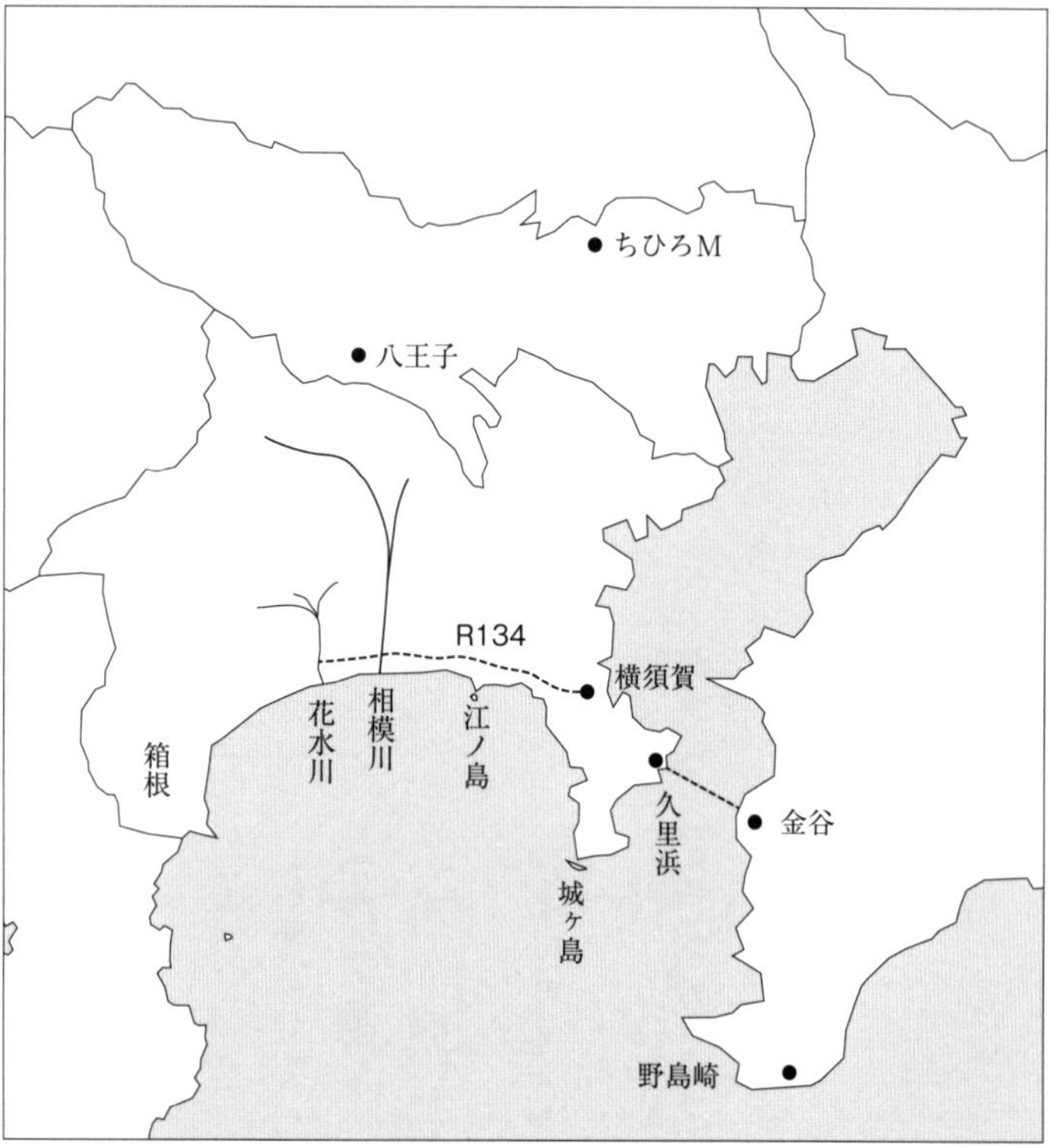

神奈川・東京・千葉

例えばそれは、横須賀から海沿いの134号線を走って、江の島、相模川を越えて、花水川までを180日間毎日往復するくらいになった。

風の強い日は、以前一度転けてから走るのは控えていたが、雨の日は走り続けていた。

自動車学校では、雨の日も教習はあるので練習になっていたかと思う。

◎

自動車学校で、初めて乗った小型マニュアルバイクは、私には大きくて足着きも悪かった。

最初に担当になった若い先生は、私の乗るバイクの後ろを支えて一緒に走ってくれた。

そして恐る恐るUターンをすると、

「今、私は手を離していたんですよ！　ひとりで回れたんですよ！」

と、額に汗をかきながら励ましてくれた。まるで子供に自転車を教えるお父さんのようだと思った。

教習に通い始めた頃、私は集中力が散漫だった。狭窄路の一本橋で落ちて、踏切の前では一時停止せずに過ぎてしまった。その時の先生には、「ふざけているのか！」と怒鳴られた。それから漸くスイッチが入って緊張感が生まれ、少しずつ集中して走れるようになった。

一本橋で転倒した時に、粉々になったバックミラーを何も言わずに拾ってくれた先生もいた。

自動車学校の先生方は、いつも連携を図って教習して下さっていた。

そして、私はいつも恐れていたけれど、

「もう、やめた方がいいですよ」とか、

「この先は、無理ですよ」

などということは誰一人言わなかった。そのお陰で私は救われて、微々たる歩みでも続けることができた。

60歳を前にして、こんなに親身になって、真剣に教えていただけるのはどれ程の幸せかと思った。

◎

小型二輪免許を取ってからは、箱根、富士五湖、甲府、そして新潟の南に位置する直江津を目指した。125cc以下の小型バイクで下道を一日で走れる距離は、今のところ私にとって、直江津が限界かと思っている。また、東海道沿いでは焼津方面へ行ったが、途中小型二輪では通行禁止のバイパスがあり、下道は途切れて走りにくかった。交通安全上、長距離は普通二輪以上で行くのが望ましいということが分かった。

観光地や景勝地にも興味はあるが、今のところ寄る余裕はない。温泉も体調が変わりそうで、走行途中では入れずにいる。

幼なじみ

私が60歳を前にバイクを始めたきっかけは、同級生との再会だった。

いや、そうではなくて別れと言うのか。

私には28年連れ添った夫と2人の子どもがいた。上の子がちょうど成人式で、下の子は高校受験の頃だった。

地元での同窓会で、私は幼稚園時代に近所に住んでいた幼なじみにばったり会った。彼は高校を出て消防士になり、勤続30年を迎えていた。独身だった。趣味のゴルフは、プロアマ戦で優勝するほどの腕前と聞いた。けれど同窓会での彼は元気がなかった。

私は同窓会の幹事の仕事を手伝っていた。席を回っていくと、彼は昔、幼稚園の頃、私の家に福寿門があったことを覚えていると言って、話し始めた。自分の仕事やゴルフの話が止まらなかった。一緒に聞いていた友だちもいたので、私は席を立って戻らなかった。けれど、その後の彼の様子が気になってしまった。

迷った末、後日私は彼に連絡をした。その後、彼からは「一度だけ」と言い渡されながら、秋の日の公園で会った。たまたま日曜日だった。お互い急ぐように自分のこれまで歩んできた道を伝え合った。

彼と話をしたのは、本当にその一度だけだった。けれど私は、その後も手紙を出していた。私と夫との関係は、今から思えば、よその長く連れ添う夫婦と何ら変わりなかったのかもしれない。けれど、自分の人生の中で、何かやり残したことがあるようで、このままではいけない、という気持ちがあって、彼との出会いは、そんな私を動かすトリガーだったように思う。

里親・里子

私は彼に夢現とも分からない手紙を書いていた。後から思えば、夫や子どもを持つ自分の立場でどれほど不謹慎な内容だったろうか。独り善がりでもあるし、苦しまぎれであったかもしれない。

けれど、私が里子や養子を育ててみたい、と思う気持ちは決して嘘ではなかった。

保育士をしていたので、血の繋がりはなくても、子どもと一緒の時間を過ごしていれば、情が生まれてかわいらしく感じられるものだ、ということは分かっていた。親と子で、仕草や笑顔が似てくるのは別に遺伝子のせいばかりではなく、一緒に過ごすうちに似てくるものだと思っている。一緒に体を動かせばスポーツの好きな子どもになるし、勉強面も、子どもの心が落ち着いて穏やかになり安定すれば、集中力が生まれる。しっかりと学校で話を聞いたり、考えることができるようになる。心を尊重しながら、じっくり関わっていけば東大もきっと夢ではない、と書いた。

◎

私は学生時代に保育科の実習で10日間、児童養護施設の子どもたちと寝食を共にしたことがあった。

日中は元気に見える子どもたちだけれど、夜寝る前に本を読みきかせる時、担当だった小学生の8人が一人残らず私の体に張り付いた。背中、両脇、伸ばした脚には2人座った。消灯になり、一人ずつ体から剥がすようにベッドに入れるのが切なかった。

子どもの部屋で私が日誌を書いていると、小学校高学年の男の子が傍に来て、自分の兄妹4人と母親が栄養失調で病院に運ばれたことがある、と話していった。その子どもは年齢の割に小柄だったのを思い出す。

当時、施設では夏休みに帰省の期間があって、家に帰れる子どもは帰り、帰れない子どもはその施設主催のキャンプに参加していた。

それまで家に帰っていた小学校中学年の女の子が、親の消息が途絶え、その年からキャンプに行くことになってしまった。その子どもの憔悴する姿は、見ているのがつらいほどだった。

今の里親制度では、週末預かりや休日だけ預かることもできるそうだ。そういう里親さんがいてくれたら、自分の親でなくても、親戚の家に遊びに行くような気持ちになれるのではないかな、と思えた。

近年では、里親への精神的なサポートをするオンライン里親会があり、コミュニティの場が提供されている。それから高校を卒業した後の進学を支える里親制度もある。

一人の子どもの金銭的支援を、12人ほどの里親が共に行うもので、子どもとのオンラインでの交流や、専門学校や大学の卒業時には食事会なども催される。「オンライン里親」で検索すると、里親を求める子どもたちの声や姿がダイレクトにわかる。

自分の不安や将来を話せる大人が傍にいてくれたら、子どもの心は安定して前向きに進めるだろう、と思う。

児童養護施設で育った子どもたちが大人になり、仕事にしっかりついて収入を得てほしいと願ってやまない。

そんな頼れる親のない子どもたちの助けができたらいいな、と思っていた。思い返せば、私はすでに50歳を過ぎていたので、現実的に里子をもらったり、養子縁組をするのは難しかったと思う。そしていきなり子どもを育てたいなどと、そんな手紙をもらったら、誰でも驚き呆れるだろうと思った。

◎

幼なじみに手紙を出し始めて間もなく、迷惑だからやめてほしいと強く言われて、もうそれ以上連絡をとることはなかった。

それからわずか2年半後に届いたのは、彼の訃報だった。彼は友だちも多く、女性にも人気があった。皆悲しみに暮れた。私は葬儀には出られなかった。

彼は一人っ子だった。私は迷ったけれど、一人暮らしをしている彼のお母さんを訪ねた。すると、丁寧に生前の彼の様子を話してくれた。

彼のお母さんは腰を悪くして入院をしていた。彼はそのお見舞いと、仕事が消防車から救急車の運転に変わって忙しくなり、無理を重ねたようだった。

誰かが傍にいて、彼の体の変調に早くに気がついていれば、死なずに済んだのかもしれない。話を聞いていてそう思った。私は悪いことをしたようだ。罪悪感もなく、後から手紙で自分の気持ちを伝えたばかりに独りで踏ん張らせてしまったように感じた。彼には誰か、一緒になれる人がいたと思う。同級生には独身の女の子もいた。私が邪魔をしたのではないかと思った。

それから、私は彼のお母さんの家を訪ねるようになった。初めのうちは、なぜ来るのかと不審に思われていたし、当然のことながら関係は友だちのお母さんにすぎない。いつも玄関先で立ち話をした。それでもしばしの退屈凌ぎになっていたらいいな、と思った。

私の父が他界したのは、彼の亡くなるほんの3週間前だった。母は父の逝く4ヶ月前に亡くなっていた。両親の傍にいた私は一度に2人を亡くして、いきなり無聊《ぶりょう》な日々となっていた。

彼と話した時のことを思い出していた。私がたまたま持って行ったカフェオレを口にした途端、彼は胸を詰まらせたのを覚えていた。

若い頃、結婚したかった彼女がいたと聞いたことがあった。添えぬ縁だった人のことを思い出したに違いないと思った。

公園で一度話したきりだったけれど、彼の心情を知った一人として弔いをせずにはいられなかった。日々供えたかったけれど、それは夫のいる家ですることではないと思った。それが、私が家を出た正直な理由だった。

浅はかな理由だったかもしれない。それからもう一つの訳もある。自分のこれまでの人生が流れるように来てしまったことへの後悔からだったと思う。このまま歳をとっていくことがつらかったのだ。

子ども時代

私は父方の祖父母と両親が同居する家で育った。両親は祖父母やたびたび訪れる伯母との関係に苦慮していた。落ち着かない環境だった。私は母の姿が見えないと、いつも不安で仕方なかった。

母は生まれ育ったのが戦時中の仏具屋だった。7人姉弟の4番目だから仕方ないが、実の親からは関わりが一番遠かったと思う。だから、我が子もそれでいいと思ったのだろう。母の育児はさらりとしていた。

父は中学校の教員だったけれど仕事熱心で忙しかった。諭されたり、叱られた記憶は少ない。私や弟はどちらかといえば放任主義のもとで育った。

けれど私のどこまでも自由に物事を捉えられる思考は、禁止や制限のなかった環境で育ったからこそと今は思う。近所でお年寄りが荷物を重そうに持っていると、母は、「持ってあげて」と私や弟を手伝いに出した。赤ちゃんを見ると、必ず話しかけていた。そんなところは母と似てしまったな、と思う。

私は高校を卒業後、短大の保育科に進路を決めた。学校の2年間は忙しく過ぎ、そして仕事に就いた。

私は子どもの頃から手紙を書くのが好きだった。

母と話す折が少ないので友だちに手紙を書いていた。返事がなくてもさほど気にならなかった。本はあまり読んでいないので文章は上手くない。

大人になってからだが、面白い経験をしたことがある。

小説が原作のテレビドラマを観ていた。心の機微を繊細に描いた感動作だったけれど、そのドラマの始まりの場面が、我が家のすぐ近くの国道16号線の描写からだった。私は、自分の住む町をとり上げていただいたことが嬉しくて仕方なかった。

小説を書いたのは一流の作家さんだから、当然返事はないだろうと思った。けれど、お礼の気持ちを伝えたくて手紙を書いた。

ただ私が信じていることは、どんなにたくさんのファンレターを受け取る方でも、どれ程たくさんの投稿がある放送番組でも、担当の方はその一通一通の手紙を必ず、読んでくれる。私は、そう信じるところがあった。読んでくださっていると思う。

そして、自分なりに一生懸命に手紙を書くと、その書いた言葉や、そこから関連したものを、日々の生活の中で見たり聞いたりした時に、自分にとって、もの凄く嬉しくて、どこからか励ましを貰っているような気持ちに満たされた。

例えば、『赤い花』という言葉を書くと、赤い花を見ただけで嬉しくなるような、とても不思議な感覚だった。自分が誰かに届けた良い言葉は、必ず自分に返ってくるのだ、という経験だったと思う。

小学校5年生の時には、「小学生時代」という雑誌の投稿欄に載せていただいた。中学校では、市の主張大会に出られた。そして、24歳の時には、当時、成人の日のテレビ番組だったNHK「青春メッセージ」で県代表としてラジオでスピーチを流していただいた。けれど、どれも中途半端な結果だった。あがり症で上手くいかなかった。

両親を見送り、子どもが育ち、このまま老後を迎えて終わるイメージが浮かんでこなかった。まだ何かできるような気がした。

八甲田山

一人で暮らし始めて、この秋で4年半が過ぎた。

幼なじみの彼のお母さんは、彼の身の回りを片づけて三回忌の法要を済ませると、あっという間に逝ってしまった。

彼のお母さんは彼の遺品を整理する中で、私には思い出になるものは一切くれなかった。ただ一つもらったのは、彼の使いかけの交通系ICカードだった。

後に驚いた。交通系ICカードは、自動車学校で本人確認のために毎回受付で使うものだった。

彼は車やバイクが好きだった。若い頃のようにまた、バイクのツーリングをしたかったのではないかな、と思った。


私は幼なじみが他界した後、車で東北を回ったことがあった。

新潟から北上して十三湖、竜飛崎、途中、八甲田山のロープウェイにも乗った。そして下北半島を通って太平洋側を南下した。

その中で、恐山を訪ねていた。

恐山は彼岸に近い場所だと言われている。私はお参りをして下山した。

近くの道の駅に立ち寄ると、恐山に納めるとご供養になるという草履と手拭いがあった。

故人の住所と名前を付けるそうだ。私は、買わずにはいられなかった。

八甲田山のロープウェイでは、山頂に着くとにわかに霧がかかって何も見えなくなってしまった。

冬の時期、このあたりは深い雪に埋もれる。

1902年（明治35年）、歴史的な大規模遭難事件がここで起きた。

旧陸軍の冬季軍事訓練で、雪中行軍210人中、199人が凍死した遭難事件だ。

その199の魂は、今もこの山間を彷徨い続けている。

私はそう認識している。

今回、私は青森市八甲田山雪中行軍遭難資料館、そして事件の翌年に建立された199の墓標が並ぶ、幸畑墓苑を訪ねていた。けれど、行軍路だった現在の県道40号線や、遭難時、雪の中に仮死状態で立ち、救援活動のきっかけをつくった一兵士、後藤房之助伍長の銅像がある馬立場を訪ねていなかった。

霧に包まれた八甲田山の山頂で、どこからか再び来るように言われたような気がした。

（映画「八甲田山」（1977）はDVD・ネット配信あり）

私はまだ6月だったので、青森にはもう一度、年内に行けるのではないかと思っていた。

（恐山は11月～4月は閉山している）

幼なじみのお母さんには、道の駅で買った手拭いに名前も記してもらっていた。ところが、その年に行くことはできなかった。ふと考えて、彼が好きだったバイクで行くのが良い供養になるのではと思った。

私は、バイクのことは無知だ。だからそんな無茶を思いついたのだと思う。それが、どれほどの無茶なのかは、バイクを知れば知るほど、続ければ続けるほど、我が身に重くのしかかってきた。

◎

今持っているバイクの免許は、小型限定普通二輪免許といって、125cc以下のバイクに乗れるものだ。乗っているマニュアル車は、乗り始めて1年4ヶ月になる。

この免許を取るにあたっては、最初にスクーター型のオートマ限定の免許を取った。

その後に、限定解除の教習を受けてマニュアル車に乗れるようになった。

初めに私はマニュアル車の教習を受けていたけれど、乗るのが難しくて、オートマ限定の教習に切り替えたのだった。

小型自動二輪のオートマ限定の場合、通常最低8時間で免許が取れるところ、私は29時間かかっている。さらに限定解除は、最低4時間で取れるところを34時間かかり、卒業検定は6度目でようやく受かった。教習を始めてから1年3ヶ月を要した。

自動車学校の先生方にはいつも細やかな配慮のもと、ご指導をいただいていた。どれほど感謝してもしきれない。

バイクに乗れるようになったのは、ひとえに先生方のお陰と思っている。けれど、お世話になった自動車学校からは、もうこれ以上は教えられない、と卒業時に言い渡された。当然のことと受け止めている。

私の持っている125cc以下の小型二輪免許では、高速道路を走ることはできない（これは原付バイクで誤って高速道路に入った時に警察官に教えていただいた）。私はてっきり高速を走れるものと思い、教習を受け始めてい。

結局のところ、鈍い私には小型二輪から免許を取る以外には方法はなかったのだ、と今は理解している。

本州の最北端、恐山のある下北半島へ行くには高速道路が走れないと厳しい。高速道路を走るには、250cc以上の普通自動二輪車免許が必要だ。

普通自動二輪車免許を取るには、合宿で教習を受ければ早いかと思い、問い合わせをした。

すると合宿では年齢制限があり、どこも50歳までだった。

一般の自動車学校に通う場合、学校によっては年齢を60歳までとしているところもある。

アラ還には、厳しい現実なのだ。


さらに今、私には大きく立ちはだかっている難題がある。

それは、バイク起こしの審査だ。横になっているバイクを起こせなければ、普通自動二輪車の教習を受けることはできないのだ。今の私には、起こせない。

4か所の自動車学校をまわったけれど、どの教習所でも起こすことができなかった。バイクは200キロ以上の重さがある。自分の筋肉量を測ったら、平均以下だった。起こせるはずがない。

試行錯誤をしながら、筋トレ歴は1年半を過ぎた。筋肉量は少し上がったかと思ったが、今はまた下がって平均に届かない。バイクも、いくら乗っても安定した走りが定着しない。

若い人は覚えが早いけれど、歳をとると覚えは悪く、忘れるのは恐ろしく早い。それは自動車学校で、まざまざと感じたことだった。

それでももう少しだけ、普通自動二輪車の免許取得に向かおう、と思う日々を過ごしている。

伯父

私には、22歳で亡くなった伯父がいる。

父の兄にあたる人で、戦死している。

軍人で飛行機乗りだった。

逗子開成高校ではパラグライダー部だった。

伯父は、高校卒業後、

昭和15年4月5日　仙台航空機乗員養成所に入学

同年　　11月22日　卒業

昭和16年8月7日　岐阜陸軍飛行学校に入校

昭和17年1月28日　卒業

昭和19年7月1日　飛行第27戦隊入隊
昭和20年1月9日　フィリピン・ルソン島リンガエル湾海上にて戦死

「27戦隊」について、私はインターネットで調べたことがあった。戦隊の数は私の想像をはるかに超えていて夥《おびただ》しく、ページを繰っても繰っても終わらなかった。

伯父の命は、海の藻屑に相違なかった。

伯父が亡くなったのは、父が14歳の時だから、当然私は会ったことはない。頭に飛行用のゴーグルをつけた笑顔の一枚の写真だけが、私が知る唯一の伯父の姿だ。

その遺影は、茶の間の仏壇の上に置かれていた。

父が亡くなる少し前、私は伯父の話を聞いていた。伯父は早くから家を離れていたので、一緒に過ごした記憶は薄いと言っていた。それでも、リンゴを手に抱えて笑顔で帰ってきたことや、父が逗子駅まで伯父を見送って、ホームで別れたのが最後になったと聞いた。

同居する中で、祖父母が伯父や戦争の話をすることはほとんどなかった。

けれど、祖父が時折ぽつりと、

「一男は何もしないで逝っちまった」

「大学に行かせてやれれば、死なずにすんだかもしれない」

そう言っていたのを思い出す。

私の父は私に、結婚相手は大学卒の人でなければいけない、と早くから言っていた。勉強が好きでない私が、勉強をする人を選ぶのは難しく、それが足かせになっていた。私が20歳前後の頃、まだ落ちつかない同世代のボーイフレンドとの付き合いを、父はよく思わなかった。だったら、しっかりとした大人ならばよいのかと、覚束ない心のまま付き合って、相手には甚《はなは》だ迷惑をかけてしまったこともあった。私自身一番暗い時だった。後になって、伯父のことを思って出た言葉だったと察しがついた。伯父は、高校を出てすぐに飛行学校に行ってしまったので、早くに戦争に駆り出されてしまったのだろう。

命に優先順位があっていいはずがない。

祖父母は、関東大震災も経験している。

祖母は、乳飲み子だった一男伯父さんを抱えて、家の裏手の安針塚《あんじんづか》の山の上から、遥か向こうに火の手が上がる、うねるような横浜のまちを見たそうだ。その時、抱いていた赤ん坊を、戦争で亡くしたのだ。

四畳半の茶の間の祖父の席は、仏壇の正面で、いつも伯父の遺影と向き合っていた。

祖母は毎朝欠かさず、炊きたてのご飯とお茶と線香をあげていた。私が起きていくと、母が作るみそ汁と、線香の香りが漂っていた。

私は、伯父を知らない。

けれど、私が今住んでいるこの家は、伯父が子ども時代を過ごした、帰ってきたかった家のままだ。私はこの家で生まれてから20歳までを過ごし、二度目は伴侶と子どもと暮らし、そして今は一人になり住み続けている。

祖父母からの代が替わり、家の中の大概のものは処分をしている。けれど、私が40代で英語の資格を取るのに苦戦をしていると、軒下から伯父のボロボロの英語の教科書と英文を書いたノートが出てきたことがあった。

驚いた。頑張れと言われているようだった。

最近では、祖父の持ち物から伯父の手紙が出てきた。手紙の日付は、私の戸籍に記されている、父が私の出生届を出した日付と同じだった。私がこの世での存在を認められた日だった。

一男伯父さんは、私をずっと見守り続けてくれているのだと思えた。

伯父が親元を離れて飛行学校に入校し、厳しい訓練を越えて操縦士になったように、私ももう少しだけバイクを踏ん張りたいと思っている。

早世した伯父の無念が晴れることは決してない。けれどその思いを継いで走り続けていきたいと思う。

伯父とともに戦争のない世を願いながら。

Kazuo

斎藤光一宛　昭和十五年六月十一日

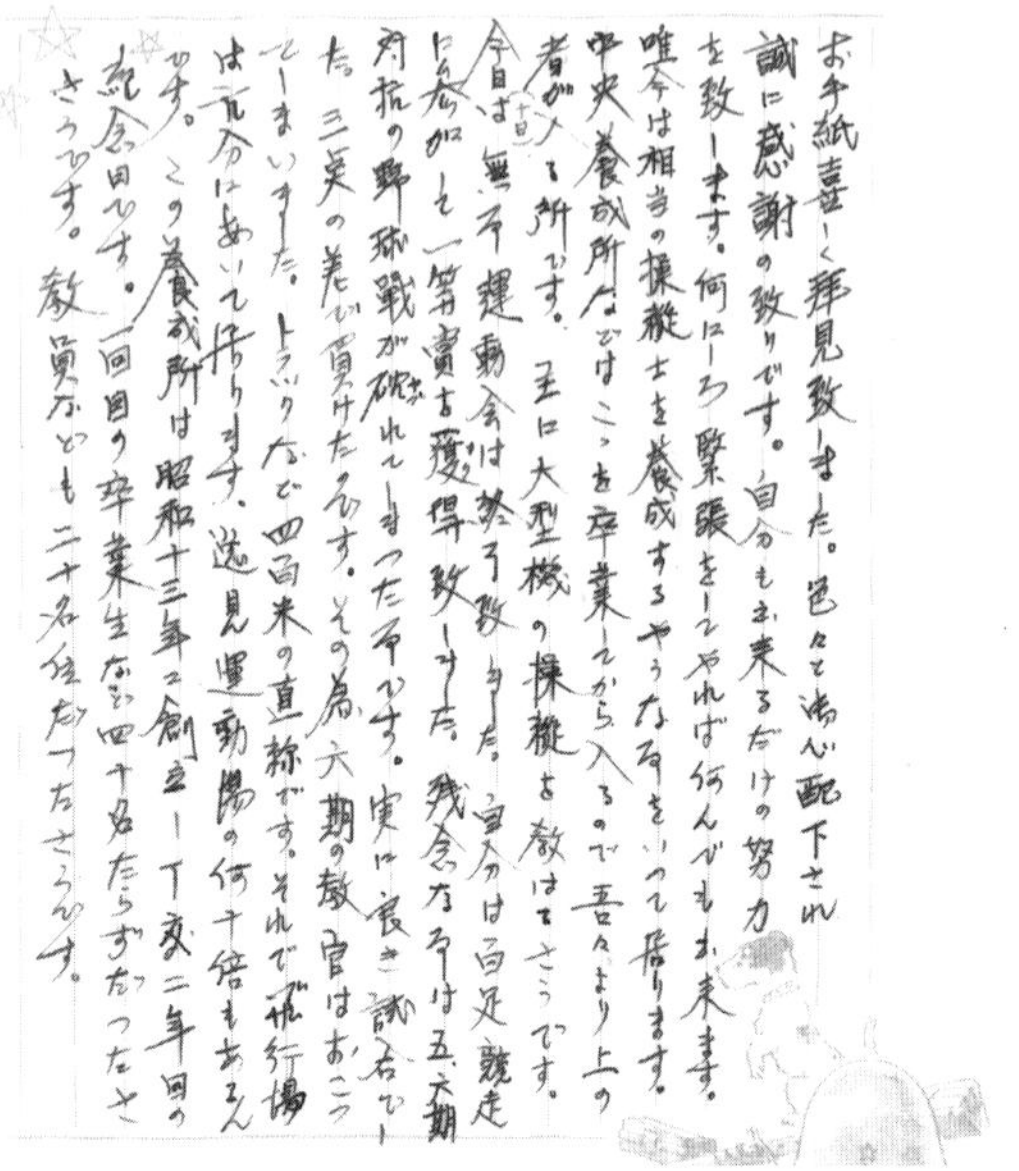
お手紙嬉しく拝見致しました。色々と御心配下され
誠に感謝の致りです。自分も出来るだけの努力
を致します。何にしろ緊張をしてやれば何んでも出来ます。
唯今は相当の操縦士を養成するやうな事をいつて居ります。
中央養成所などはここを卒業してから入るので吾々より上の
者が入る所です。主に大型機の操縦を教はるさうです。
今日（十日）無事運動会は終了致しました。自分は百足競走
に参加して一等賞を獲得致しました。残念な事は五、六期
対抗の野球戦が破れてしまつた事です。実に良き試合でし
た。三点の差で負けたのです。その為、六期の教官はおこつ
てしまいました。トラックなど四百米の直線です。それで飛行場
は充分はあいて居ります。遊見運動場の何十倍もあるん
です。この養成所は昭和十三年に創立し丁度二年目の
記念日です。一回目の卒業生など四十名たらずだつたさ
さうです。教員なども二十名位だつたさうです。

お手紙嬉しく拝見いたしました。色々と御心配下され誠に感謝の到りです。自分も出来るだけの努力を致します。何しろ緊張をしてやれば何でも出来ます。

昨今は相当の操縦士を養成するような事をいって居ります。中央養成所などは、ここを卒業してから入るので吾々より、上の者が入るところです。主に大型機の操縦を教わるそうです。

今日（十日）は無事に運動会は終了致しました。自分は百足競走に参加して一等賞を獲得致しました。残念な事は

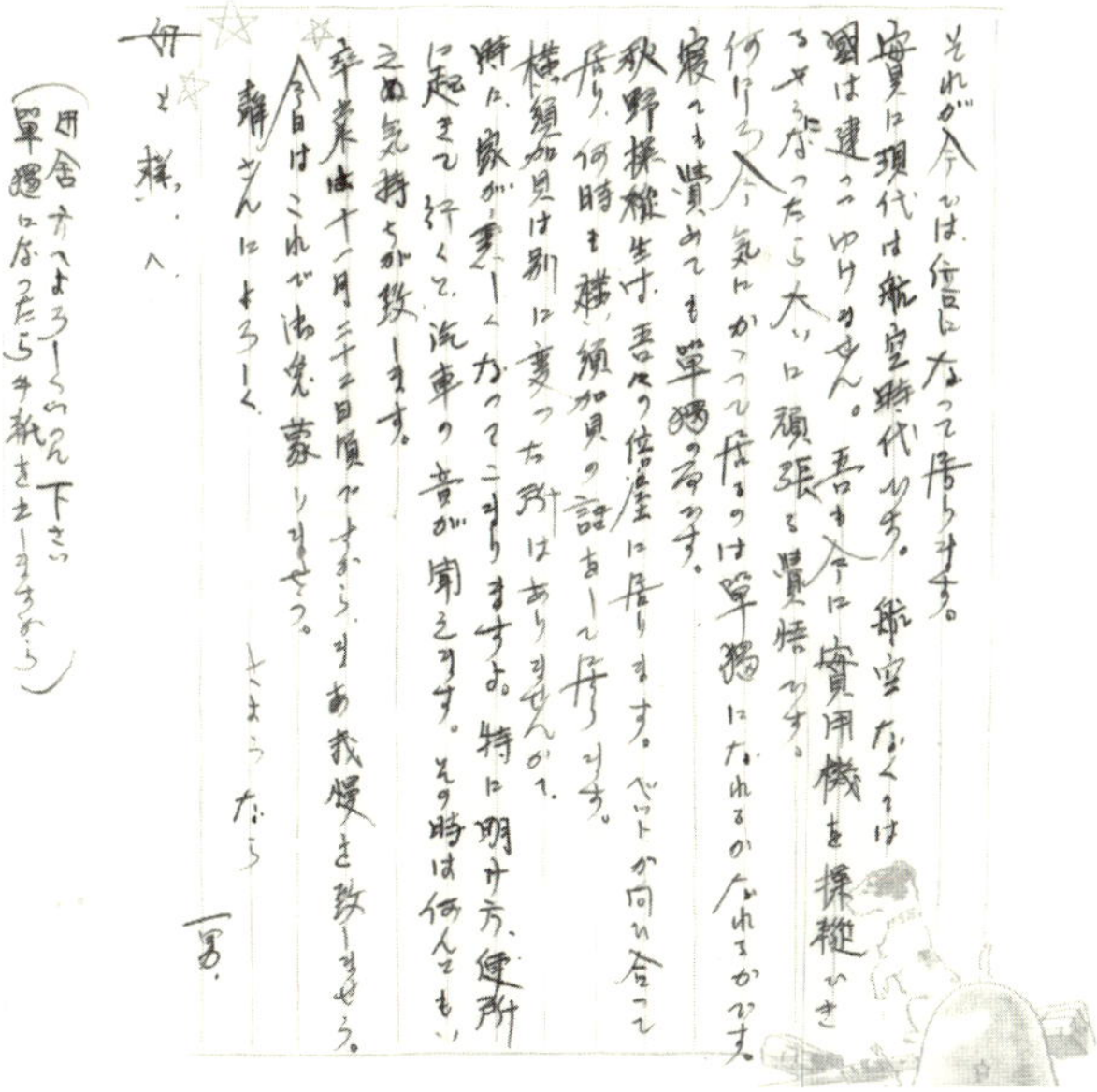
それが今では倍になって居ります。
実に現代は航空時代です。航空なくては
国は建ってゆけません。吾も今に実用機を操縦でき
るようになったら大いに頑張る覚悟です。
何れ今気にかかって居るのは単独になれるかなれるかです
寝ても覚めても単独の事です。
秋野操縦生は吾々の位置に居ります。ベットが向い合って
居り、何時も横須賀の話をして居ります。
横須賀は別に変った所はありませんかね。
時に家が恋しくなってこまりますよ。特に明け方、便所
に起きて行くと汽車の音が聞えます。その時は何んでもい
ゝ気持ちが致します。
卒業は十一月二十二日頃ですから、まあ我慢を致しませう。
今日はこれで御免蒙ります。
雄さんによろしく　さようなら
一男
母上様へ
（田舎の方へよろしくお伝え下さい
単独になったら手紙を出しますから）

五、六期対抗の野球戦が破れてしまった事です。実に良き試合でした。三点の差で負けたのです。その為、六期の教官はおこってしまいました。それで飛行場は充分にあいて居ります。逸見運動場の何十倍もあるんです。この養成所は昭和十三年に創立して丁度二年目の記念日です。一回目の卒業生など四十名たらずだったそうです。教員なども二十名位だったそうです。

それが今では倍になっております。

実に現代は航空時代です。航空なくては国は建ってゆけません。吾も今に実用機を操縦できるようになったら大いに

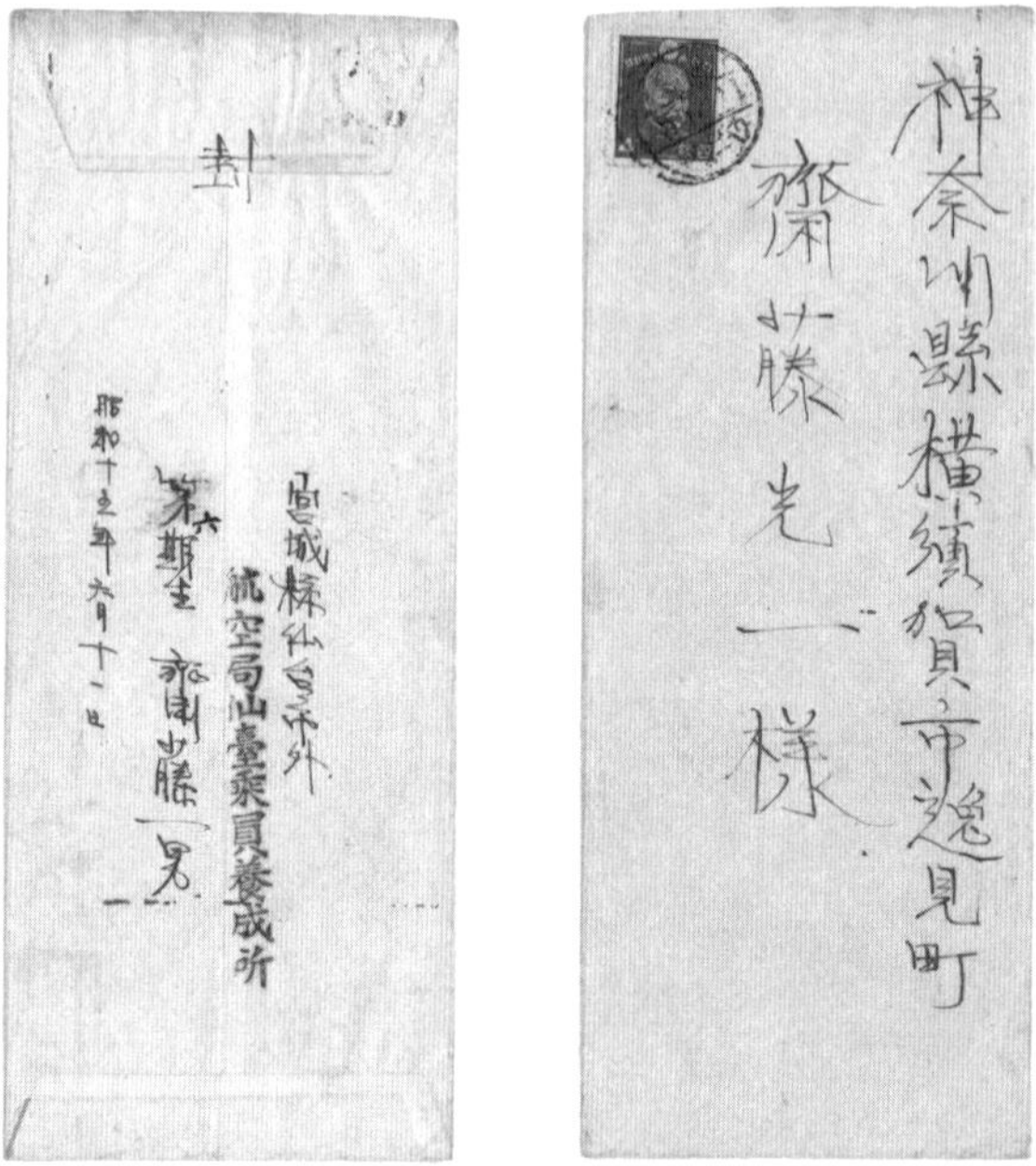

に頑張る覚悟です。

何しろ今気にかかって居るのは単独になれるかなれないかです。寝ても覚めても単独の事です。

秋野操縦生は、吾々の部屋に居ります。ベッドが向かひ合って居り、何時も横須賀の話をして居ります。

横須賀は別に変った所はありませんか？

時々、家が恋しくなってこまりますよ。特に明け方、便所に起きて行くと、汽車の音が聞こえます。その時は何ともいえぬ気持ちが致します。

卒業は十一月二十二日頃ですから、まあ我慢を致しませう。
今日はこれで御免蒙りませう。
静さんによろしく　　　さようなら
一男
母上様へ
（田舎方へよろしく言って下さい
単独になったら手紙を出しますから）

あとがき

私が大人になって、反戦の気持ちを持ち続けているのは、伯父の存在に加えて小学校時代の恩師との出会いがある。小学校5、6年生の時の担任は新任の先生だったが、当時、出たばかりの『はだしのゲン』の漫画を自費で買って、クラスの皆に回し読みをさせてくれた。

戦争について、皆で話したこともあった。そんな記憶が今の気持ちを支えてくれている。その女性教諭とは、中学生時代の恩師と併せて、今もお付き合いいただいている大切な存在だ。

近年、横須賀市内の自宅では、朝の8時になるとアメリカ国歌と君が代が聞こえるようになった。私はてっきり市の防災無線から流れているのかと思っていた。実はそうではなくて、米軍基地からだった。特に何の説明もなかったけれど、ホームページには基地内で国旗の掲揚を行う際に流しているとあった。

私が、米軍基地から聞こえる国歌を危惧するのには理由がある。

今、市内ではアメリカ国籍の方々の居住が増えている。横須賀も高齢化が進む中、空いた土地や家を次々と買われている。以前は1、2軒だった米軍基地界隈の不動産屋が、昨今はみるみるうちに軒を連ねるようになった。

外国人が自由に土地を買えるのは、世界中で日本だけなのだ。そして、貿易などの制約との絡みから、新たに土地の売買に規制を設けるのは極めて難しい現状があるそうだ（『領土喪失』宮本雅史・平野秀樹著　角川新書）。

私の子ども時代、米軍基地の中の米兵を見かけるのは基地近くのドブ板通りくらいだった。今では至る所で当たり前のように会う。もちろん、お店を利用してくれるので大切なお客様だし、基地が開放されるフレンドシップデーには、県外からも多くの人が訪れて、地元横須賀への経済効果は大きい。基地内で働く日本人も多くいる。長い間、ギブアンドテイクでやって来たのだ。

けれど今、横須賀の土地が日本のものでなくなっていくことが不安でならない。

逗子市の米軍使用地の返還を求める余波も考えられる。

国歌が、毎朝のように自治体でないところから聞こえるのはおかしいと思う。私と同じ危機感を抱く人はどれだけいるだろうか。時間とともに確実に減っていくことは明らかだ。

横須賀は、緑があり海もある。気候は温暖だ。遊びに出るには、逗子葉山、鎌倉、千葉、箱根にも近い。都心への便も悪くない。そのせいか米兵の運転する車も増えている。米軍の人たちは、便が良く住みやすいことをよく知っている。だから基地を拡充したいし、住み続けたいと思うのだろう。

それにしても、夜空がきれいだ。ことに冬の晩は星が光っている。我が家は国道沿いにあるが、昨晩は部屋の窓からふと見上げた空に、星がサーッと流れた。別の晩にも、ひとつ見た。

未来へつなぐ

この本の校正がようやく終わった頃、私は朝の起き抜けから無性に霞ヶ浦のほとりにある予科練に行きたくなった。

陸上自衛隊土浦駐屯地に隣接する予科練平和記念館には、これまで3回ほど行っていた。予科練というのは、「海軍飛行予科練習生」及びその制度の略称で、第一次世界大戦後に、より若い熟練搭乗兵を育てる目的で14歳半から17歳までの少年の育成を行っていた。全国にある予科練習部では、15年間で24万人が入隊し、第二次世界大戦では予科練習部から2万4000人が戦地に赴き、特別特攻隊として出撃した予科練生も多くいた。戦死者は8

割の1万9000人となり、その平均年齢は、19歳10ヶ月だった。

平和記念館の7つのテーマごとのブースをまわると、当時の予科練生の生活を間近で見ているように感じる。

そして昭和20年6月10日この施設が標的になり、阿見の町は空襲を受けている。その時の予科練生のようすを表現した数分のシアター映像が秀逸で臨場感があふれていた。

その予科練平和記念館の隣には、戦没者の遺品や家族への手紙が展示されている雄翔館がある。

そこには特攻艇「震洋」の解説もあった。

終戦間近に戦闘機が足りなくなると、2年半の訓練のあと全長5・1m、幅1・67mのベニヤ板制のモーターボートに250kgの爆薬を積んで敵艦に体当たりする任務が課せられ、2500人以上が戦死した。

大海に浮かぶ木の葉のようなボートだった。

人間魚雷「回天」は、実物大の模型が戸外の芝生の上に横たわっていた。

私は、4回目で初めて花束を持って行った。

伯父は軍人だったので、予科練生とは立場は違う。けれど、同じように飛行機に乗り戦死をした。予科練平和記念館に行くと、伯父が生きた時代を知り、日々の生活を思い浮かべることが出来た。

花は雄翔館に飾るように言われたが、そこに生花の花瓶はなかった。

私は反省をした。これまで遺族の方々が、どれ程たくさんの花を持って来ただろうかと思った。とても、職員の方の手に負える量ではなかったろうと思う。

その遺族の方も、いずれはいなくなる。

この本の校正の最中、私にこの予科練の存在を教えてくれた、かんもん書房の井出久美子さんが逝去された。

山口県下関の方で、『ツルブからの手紙』という一兵士小林喜三さんが戦地から我が子に宛てて描いた、絵本のような絵のある軍事郵便140通を本にまとめて出版された。また、長年「下関空襲」の企画展を8月に開催する実行委員を務められてもいた。

戦争を深くとらえ、活動を続けてこられた方が亡くなっていく。それが、戦後80年ということなのか。

戦争を忘れた時に、悲劇は繰り返される。

それを思うと、自分にできることを、たとえ微力でも何かしておかなくてはとジリジリする。自分には何ができるだろうか。

沖縄では、戦没者24万2046人の名前を読み上げる集いがある。沖縄慰霊の日に合わせて、6月の23日間に沖縄・全国・世界各地の参加者を地域会場とオンラインで結ぶ。戦没者の名前の読み上げを通して、世界の恒久平和への誓いを発信していくプロジェクトだ。戦争を知らない世代にとっても、戦没者に想いを馳せ、悲惨な戦争の実態と向き合い平和の尊さを学ぶ場になると確信しての集いだ。

私は、戦後20年目に生まれた。戦争は、経験していない。けれど、私はこの本の執筆にあたり、伯父の手紙を書き写す中、不思議な感覚が生まれた。

写していると、里から遠く離れた航空機乗員養成所で、伯父が手紙を書く姿や、宿舎の布団の向かいに並んだ同郷の友と故郷を懐かしみ話す様子や、朝方、厠で聞いた汽笛の音に、横須賀を恋しく思ったこと、故郷の運動場の何十倍も広い飛行場で訓練を受けていること。今の養成所を出た後には、大型機の操縦を習う養成所があり、「吾々より上の者が入る所です」と記し、続けて習いたかったのだろうと、伯父の気持ちが行間から滲《にじ》んできた。祖父母は伯父の話をあまりしなかった。そんな中で、「上に行かせてやれれば、死なせずに済んだろうに」と言った祖父の言葉が、私の心に蘇った。

この心に湧き出た感情は、読むだけでは感じ得なかったものだった。

手紙を書くことで、さらに琴線の深くまで届いた伯父の心情だったと思う。


戦争に関する講演などを聴きに行くと、年配の方が殆どで、このままで平和を守れるのかと不安になった時期があった。そんな時に、ある新聞記事に救われたのを思い出す。

それは2023年1月17日の夕刊紙で、阪神・淡路大震災から28年の追悼をする小学校3年生の女の子の横顔が写真にあった。

それは心からの祈りであることが一瞬の内にわかる瞳だった。

少女は絵画教室に通うお子さんだった。そして、子どもたちの絵も掲載されていた。

震災当日に、出産をするようすが描かれていた。実に生き生きとした、まるで本当に見ていたかのような絵だった。

その絵画教室の先生は、阪神淡路大震災で教え子を2人亡くされていた。それからずっと、「多くの災害から学ぶ教訓を、今生きている人間で生かしていく必要があります」との思いから、映像を見たり語ったりして、情景を絵に書いてもらう「震災・命の授業」を長年続けてこられた方だった。

そしてその絵は震災当日に生まれて、28歳になった青年の話を聴いた子どもたちが描いたものだった。

戦争も同様、過去の負の遺産は決して忘れることなく、次世代へと継いで生かす必要があると思う。平和教育は、義務教育の中で、確立させていただきたいと切に願う。

そして私はこれからも戦争の史実を学び続けたい。バイクで特攻にゆかりのある土地を訪ねたいと思う。

この本の執筆にあたり一度は筆を置いたものの、どうしても気にかかる史実があり最後の最後に記させていただきたいと思います。

浦賀港引揚船

地元横須賀にも数々の遺跡がある。あちらこちらの貝塚や、猿島と千代ケ崎の砲台跡、戦艦三笠、浦賀ドックなど。

そしてその史実の甚大さから測ればそれはあまりにも微かな遺物だけれど、戦後史を伝えるものがある。私が「浦賀港引揚船」の事実を知ったのは数年前のことだった。

市内の公民館で、市民グループ『中島三郎助と遊ぶ会』による引揚船を語るパネル展を見たのがきっかけだった。この主催団体は、ペリー艦隊来航時に黒船へ乗り込んで折衝に当たった、中島三郎助の功績や地域史を研究している。そして港の歴史をたどる中で、浦賀港引揚船の悲劇を知り、資料を集めてパネル展開催へと繋げていた。

第二次世界大戦後、国外の戦地から帰還する軍人や、一般邦人の総計660万人のうち、浦賀港では56万人以上を受け入れた。その数は全国で第4位、太平洋岸では最大となった。船は満載で入院を要する患者が続出していた。そして、コレラが蔓延した。浦賀はコレラの免疫指定港となり、コレラの発生した全ての引揚船が浦賀沖に集められた。長瀬に設置された久里浜検疫所では、史上空前の大免疫作戦が繰り広げられた。

船に乗り込んだ検疫官は、「激しい下痢に襲われ、患者の糞尿はたれ流し、夜が明けるころには重度の脱水症状で骨と皮だけになって横たわっている」と語っていた。

船内で一人でも罹患していれば、米軍の規定で、その船は14日間停留しなければならなかった。食料も不足して、8万人もの復員者が危機に直面し、丸二日間の絶食をくぐった船もあった。

感染者は隔離施設に運び込まれたが、治療が追いつかず、船上で命を落とした人も多数いた。コレラによる死者は、数百人から数千人にのぼった。

私は、このパネル展と同時期に、長瀬にある久里浜少年院の施設見学に参加していた。施設を回る中、浦賀港引揚船の供養塔にも案内があった。この長瀬の久里浜少年は、もとはコレラの検疫所があった場所だった。

供養塔は、敷地内の一番海寄りに建っていた。塔のまわりは整備されておらず、塔への道はぬかるんだ土の上に段ボールが敷いてあり、その上を歩いた。

海縁には、赤レンガが積まれた焼却炉の残骸があった。その焼却炉は、かつて、コレラ患者の衣類や所持品を、感染防止のために燃やした場所だった。戦後80年の現在も、そのまま残っている。悲しい記憶の遺物だ。

亡くなった方々のご冥福を、心からお祈りしたい。そんな気持ちで胸が一杯だった。


西浦賀には、「浦賀引揚記念の碑」がある。

2006年、横須賀市が市制100年の記念行事の一環として設置した。長瀬に建てられた供養塔が、後に久里浜少年院として使用されるようになり、立ち入りが容易でなくなったために移築されたものだ。船をモチーフに、引揚船の史実が刻まれている。

ある温かな日ざしの午後、その「引揚船の碑」の傍らで、碑に寄り添うように腰かけて、本を読む人を見かけた。

そんな時間の過ごし方もいいなぁ、と思った。

◎

最後に、私の今日に至るまでにご縁ありました方々には、深いご理解とご支援を賜りましたことに心より感謝申し上げます。

重ねて、この本の出版にあたり奨励いただいた文芸社の中村様、編集でお世話くださった西村様、制作会社様、そして、本書を手に取り読んでくださった全ての皆様方に、厚くお礼申し上げます。

誠にありがとうございました。

２０２５年２月

齋藤　博美

著者プロフィール

齋藤 博美（さいとう ひろみ）

1965年（昭和40年）、神奈川県横須賀市生まれ、在住。

1986年、鶴見大学短期大学部保育科卒業、保育士資格、幼稚園教諭２級免許取得。横浜市立保育園に勤務。2001年、退職。

2007年、こども英会話講師養成スクール６ヶ月コース修了。英検２級取得。英会話スクール非常勤講師を経て、自宅などで幼児から中学生を対象にした教室を開く。

2013年、新聞・雑誌に投稿を始める。

アラ還バイクデビュー

2025年４月15日　初版第１刷発行

著　者　齋藤 博美
発行者　瓜谷 綱延
発行所　株式会社文芸社
〒160-0022　東京都新宿区新宿１－10－１
電話　03-5369-3060（代表）
03-5369-2299（販売）

印刷所　TOPPANクロレ株式会社

ISBN978-4-286-26155-3